U0084926

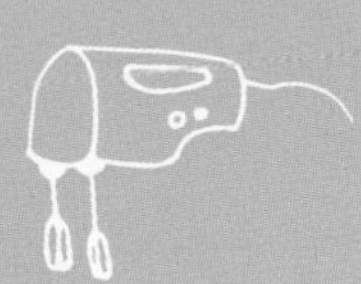

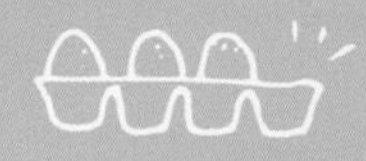

從零開始學戚風

中空戚風 X 平模戚風 X 蛋糕捲 X 分層蛋糕

40 款蛋糕 Step by Step 教學，做出完美戚風！

朱雀文化

日嘗・戚風

口口都是生活的滋味

還記得最早廚房只有爸爸買來自己玩的麵包機、媽媽十幾年前買的攪拌器、讓出來的角落空間、意外出現的小烤箱……，因緣際會下，我們一家開始了不一樣的午茶生活。將陳年食譜吸在冰箱上，一步一步地小心操作，那次製作的蛋糕就是戚風，只記得當時我們沉浸在這麼久沒啟動的攪拌器居然還堪用的驚喜，留在心中的並非完美的口感，而是滿滿喜悅。

烘焙是我日常的一角，就像生活調味料般的存在，即使只有一點點，也能讓這天變得不同。剛開始時難免小失手，但我想只要記錄下來，就有進步的機會，為了留下每次實驗的調整依據，我開始在網路上記錄自己的廚房筆記，很榮幸地讓我遇見了一群好朋友，可以一起討論、分享。

我相信「愉悅的心情」是日常戚風裡最棒的調味，這本書收錄了多年來在我們家廚房裡誕生的各個驚喜，配方或做法上也許不算專業正統，卻是彼飛家最喜歡的生活味。不需要將本書視為拘謹的專業工具書，而可以是開啟你烘焙生活的私房筆記。

最後還是要感謝一路以來吃了不少失敗品的家人、朋友們，當然還有收藏這本書的你，謝謝你喜歡我們家的味道。

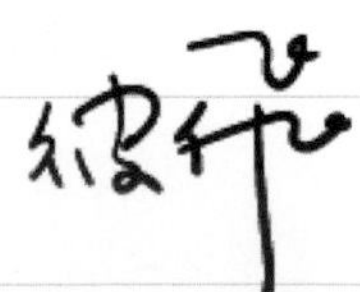

征服戚風

不再被戚風蛋糕「氣瘋」！

戚風蛋糕剛出現在我們家時，大多是以慘狀出爐。直到某一天，一顆漂亮、不縮腰、沒凹底戚風出爐了，而且口感Q彈軟綿，細緻又不甜膩，深獲全家人喜愛。那一顆，是女兒在彼飛「旅人食光」的部落格中爬文看到的「基礎燙麵戚風」。從此，這款戚風蛋糕成為我們家常見的午茶甜點。

就這樣，我認識了彼飛，經常在她的部落格裡挖掘美味的配方。這期間，經常在烘焙社團裡看到許多社員為了戚風傷透腦筋，才發現原來有許多人跟我一樣，在製作過程中，碰到許多難以解決的問題，像縮腰、倒扣「墜樓」、凹底嚴重等千奇百怪的情況。

因此，我找了彼飛幫忙，請她傾全力製作出一本完全以「戚風蛋糕體」為主題的食譜書，誕生了！

彼飛的戚風配方很簡單，但卻能做出極佳的口感。糖用得不多，卻吃得出食材的真滋味；蛋黃麵糊有常見的「直接法」及「燙麵法」，依讀者的喜好來製作，最特別的烤法—「烘蒸法」不須像「水浴法」那樣烤得天荒地老，卻有著綿密Q彈的好味道！再者，除了大家常見的中空模、圓模的使用外，彼飛也特別運用戚風蛋糕體製作「蛋糕捲」、「分層蛋糕」等，讓讀者以一種蛋糕體，就可以做出40款不同口味的蛋糕！

最後，我們知道這本或許不是「最厚」的一本戚風蛋糕書，但是我們想分享給讀者的內容，卻字字句句在書裡。讀者只要用心讀、認真做，好好地與家中的烤箱培養感情，相信你的「戚風之路」，一定一路順遂，烤出顆顆漂亮又好吃的美味戚風！

朱雀文化 編輯部

從零開始學戚風

Contents
目錄

作者&編者序

Part1
基本工具 & 食材篇

Part2
烤一個好吃的戚風蛋糕

Part4 吸睛的甜蜜戚風

Part3 新手的基礎戚風

從零開始學戚風

Contents

目錄

Part5

送禮的華麗戚風

Part6
迷人的多變戚風

Part7
一起來練功

書中「示範影片」這樣看！

1 手機要下載掃「QR Code」(條碼)的軟體。

Android 版

iphone 版

2 打開軟體，對準書中的條碼掃描。

3 就可以在手機上看到老師的示範影片了。

編按：目錄中標示▶者，表示有全部或部分示範影片。

TRIARROW

Part1
基本工具&食材篇

擁有順手的工具、新鮮的食材，
是製作蛋糕成功的第一步。
在動手製作前準備妥當，
一定能增加成功機率哦！

基礎工具篇

擁有順手的工具，做起完美的戚風蛋糕事半功倍！

各式模型

常見的戚風蛋糕模型為陽極分離中空模，模型有著金屬色的外表與極具特色的中空管，除此之外，亦可使用陽極分離圓模（亦稱壽糕模）或黑色的分離硬膜。

由於戚風蛋糕組織鬆軟輕盈，出爐後需要倒扣，所以為避免蛋糕直接滑出模型，建議使用「非不沾材質」，以便蛋糕糊沿著模型周圍往上攀升。另外由於中空造型可使導熱更均勻快速，因此也建議新手可從中空模型的使用開始練習唷！

近年來很流行的「彈性邊框活動烤模」，雖然是「不沾」材質，卻也能烤戚風。這種彈性邊框的活動設計，只要鬆開邊框扣環，就能讓活動底盤快速分離，增加脫模方便性。

紙模的使用需特別注意的是，周圍導熱較慢，底部緊貼烤盤所以受熱較快，因此很容易烤出縮腰深色底的蛋糕，建議使用時，稍微提高烘烤的溫度約 10℃，底部可多墊一個烤盤，頂部上色太快可蓋上鋁箔紙延緩上色，以此調整的方式來平衡紙模本身的條件。

紙模

分離式陽極模

中空模

分離式硬膜

彈性邊框活動模

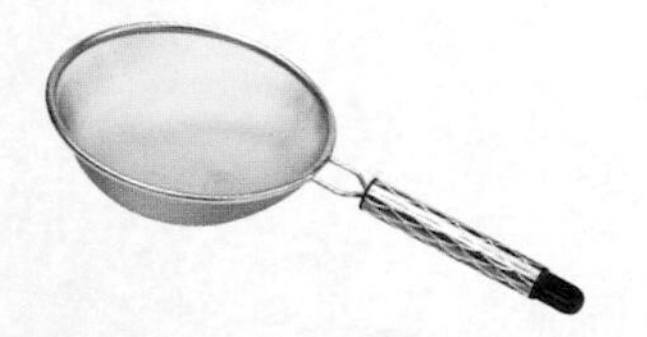

網篩

用於過篩麵粉及其他粉類的必備工具，選購網篩時，有 60 目、40 目、20 目等，目數越大網篩密度越高。

打蛋盆

本書製作量皆以小家庭好操作的 3 ～ 4 顆蛋為主，因此也可使用單柄湯鍋來做為打蛋盆，操作上會更為輕巧。

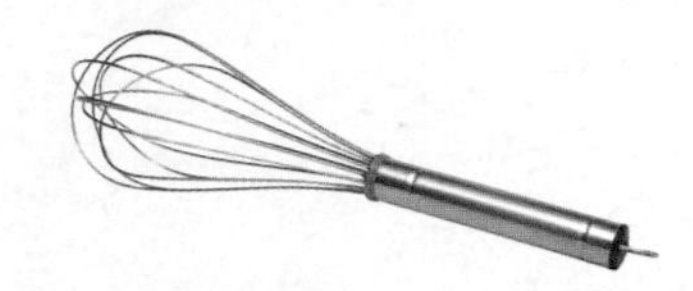

打蛋器

初步混合蛋黃糊與蛋白霜的好用工具，可隨著操作手法不同達到不同拌合效果，亦可用於少量鮮奶油的打發。

抹刀

可於蛋糕表面抹出裝飾紋路，或抹平蛋糕。

耐熱矽膠刮刀

拌合蛋糕糊的重要工具，可確實翻拌蛋糕糊避免沉澱。

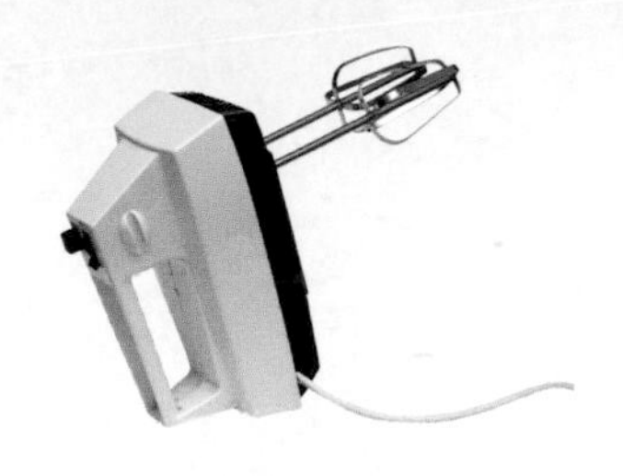

手持電動打蛋器

打發蛋白必備工具，可依需求調整打發速度，也可解決少量製作時，桌上式攪拌機底部拌合不確實的問題。

電子秤

精準的秤料是製作點心的第一步，對於一般家庭製作，選用可秤 0.1 克至 2 公斤的款式就非常足夠了。

白報紙 / 烘焙布

製作蛋糕捲或平板蛋糕的必備工具，白報紙輕巧方便，烘焙布則可重複使用，只需依照深底烤盤的尺寸裁剪即可使用。

塑膠資料夾

製作蛋糕捲有時須增加固定性，可在白報紙外增加一圈塑膠資料夾。

刮板

可用於平板蛋糕入爐前的抹平，若是想於蛋糕周圍抹上鮮奶油，也能運用此工具。

蛋糕轉台

需要製作蛋糕抹面時的好幫手，建議選用稍有重量，且轉動順暢的款式。

蛋糕擠花嘴 / 擠花袋

製作蛋糕裝飾的工具，使用時，只需要將花嘴放於擠花袋內，填入擠花料，即可剪開使用。

深烤盤

製作蛋糕捲或平板蛋糕的必備模型，本書常用尺寸為 25×35×3 公分與 24.8×28×3 公分兩種尺寸。

基本食材篇

新鮮的食材、精準的秤重，邁向成功戚風的第一哩路。

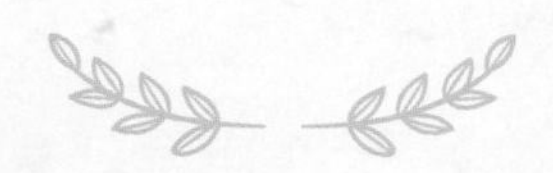

低筋麵粉

又稱蛋糕粉、薄力粉，是台灣一般超市、烘焙材料行很容易購得的粉類，常用於製作蛋糕、餅乾等小點心。

低筋麵粉蛋白質含量低，約7~9%，麩質較少，以手抓取容易結成小團塊，因此使用前務必過篩，使其恢復蓬鬆質地，確保成品品質。
它與水分結合後會產生些微筋性，可穩固蛋糕的組織，適合製作鬆軟口感的蛋糕類甜點。本書食譜已降低配方中麵粉的用量，使口感更加輕盈，因此不建議再任意減少，以免造成脫模後的戚風有塌陷的情形。

台灣氣候潮濕，粉類開封前可將麵粉保存於陰涼室溫，但夏季則建議封緊保存於冰箱，以免變質唷！

雞蛋

我喜歡不添加泡打粉的戚風蛋糕，單純以雞蛋、麵粉、液體撐起膨鬆的蛋糕體，選用新鮮的雞蛋是製作美味蛋糕的一大關鍵，不新鮮的雞蛋不僅不易打發，烤出來的蛋糕容易帶有蛋味唷！本書中使用帶殼約重 65 克的大型雞蛋。蛋黃約重 19.8 克；蛋白約重 40.2 克，其中蛋白霜擔負蛋糕膨脹的重大任務，而蛋黃則可幫助乳化作用讓油脂、液體結合得更好，使蛋糕更加美味。

製作需要「分蛋」的食譜，操作上務必小心將蛋白與蛋黃分離，沾上蛋黃的蛋白霜會影響後續的打發製程。蛋黃、蛋白分離後。冬天可置於室溫備用，夏天請將蛋白放入冷藏保存。

液體油

油脂可使蛋糕組織柔軟，一般常用的液體油，像是：玄米油、芥花油、菜籽油、葵花油等，較不建議添加花生油、麻油、橄欖油這類風味過於明顯的油脂，除非是為了製作特殊風味的蛋糕，可斟酌使用。例如：想製作純芝麻粉口味的戚風，加入少許黑麻油可讓香氣更加分！或是想做鹹口味的戚風（像是蘿勒、迷迭香……），是可以使用橄欖油提味的。

那可以使用融化後的無鹽奶油製作戚風蛋糕嗎？當然也是可以的，但是蛋糕烘烤後的高度與液體油相較之下會稍矮、組織也會密實一些，常溫下享用，以奶油製作的戚風香氣更足，但冷藏後的口感會變得較為扎實唷！

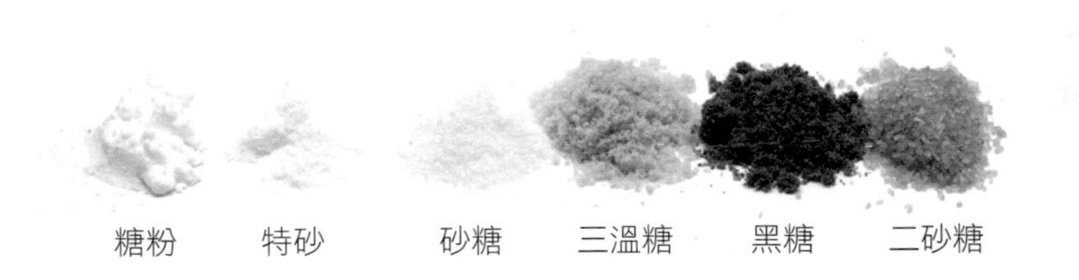

糖

糖在戚風蛋糕中是相當重要的成份，除了提供甜味，更關乎著蛋糕體的濕潤度、柔軟度、色澤、風味，讓蛋糕更為可口。一般戚風蛋糕的砂糖用量是蛋白重量的 1/2，本書的糖份已大幅降低，切勿再任意減少，以免影響蛋白霜的細緻與穩定度。

一般方便取得的糖有下列幾種：特砂糖、二砂糖、細砂糖、黑糖、海藻糖、糖粉等，大家可依使用上的需求來選用適合的糖。

風味色粉

為增添風味或色彩，可在蛋糕糊中加入無糖可可粉、無糖抹茶粉、紅麴粉、南瓜粉、咖啡粉、芝麻粉等，但有些粉類的使用上須特別注意，例如：抹茶粉，就建議選用烘焙專用的款式，沖泡用的抹茶粉、綠茶粉聞起來會是單純的茶葉香氣，烘焙後顏色會轉變為褐色。而烘焙用的抹茶粉嘗起來會有點海藻香氣，烘焙後的顏色較容易保留。

若是使用蝶豆花粉或紫薯粉這類含有花青素的食材，須注意酸鹼顏色的轉變，若有需要，可添加少許檸檬汁做為平衡，避免烤出來的蛋糕色澤灰暗。

另外可可粉、起司粉、芝麻粉之類的食材較容易造成蛋白霜消泡，操作上須更為留意。

鹽

鹽除了平衡蛋糕中的甜度，少量添加可降低蛋白的味道，使蛋白霜更為白皙，亦可強化麵筋結構。不過對於戚風蛋糕來說，由於用量很少，所以蛋白霜一開始的穩定度就顯得更加重要。

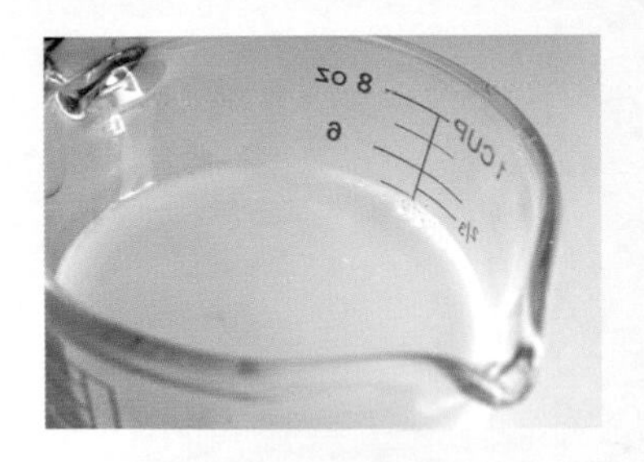

牛奶 / 水

加入蛋黃糊的液體，請保持微溫的狀態，其添加可讓蛋糕體更為濕潤可口，大家可依需求選擇牛奶、豆漿、水……等。牛奶中含有乳脂肪，可增添蛋糕風味，但並不建議過度添加，以免使蛋糕糊過濕，導致烘烤時間延長或蛋糕塌陷。

玉米粉

可降低麵粉的筋度，使蛋糕口感更柔軟綿密，因此有時會在食譜中混入少許玉米粉達到期望的效果。

玉米粉有良好的吸水性，可在蛋白霜中添加少許，以減少蛋白的水份，使其更加穩定，本書食譜單純以蛋白加糖製作，不添加額外的粉類。

Part2

烤一個 好吃的戚風蛋糕

戚風蛋糕雖然製作簡單，
但很多人對它卻又愛又恨。
為讓大家順利做出戚風蛋糕，
特別在這單元裡詳細説明。
讓你降低失敗率、做出好吃戚風！

基礎戚風蛋糕這樣做！

想開始動手做個屬於自己的戚風了嗎？
只要熟讀步驟、多加練習，
你一定也可以完成美味的蛋糕，一起來看看基礎的戚風怎麼操作吧！

基礎原味戚風 6 吋

材料

蛋黃麵糊
低筋麵粉 50 克
牛奶 40 克
煉乳 5 克
玄米油 30 克
蛋黃 55 克
（約 3 ～ 4 顆蛋）

蛋白霜
蛋白 120 克
（約 3 ～ 4 顆蛋）
砂糖 40 克

示範影片看這裡！

步驟1 準備材料

確實秤重是烘焙的第一步，戚風主要的構成可分為蛋黃糊與蛋白霜，蛋黃糊由低筋麵粉、液體油、液體、蛋黃組成，若有需要也可加入風味粉、色粉或糖類。而蛋白霜由蛋白與糖組成，糖的選擇除了常見的砂糖，更可選用二砂糖、黑糖……來使整體呈現不同味道。

步驟2 事前準備

初次製作戚風難免有點手忙腳亂，建議將必要的步驟先製作好，詳細閱讀食譜後再開始操作，盡量避免一邊製作一邊看食譜步驟，以免漏掉一些操作上的細節！

1. 將低筋麵粉先過篩兩次。01

台灣氣候潮濕，過篩能讓麵粉不因濕氣而結塊，多篩一次能讓做出的戚風蛋糕口感更好。

01

2. 將蛋黃與蛋白分離備用。02

徒手或以分蛋器將蛋黃、蛋白分離，盛裝蛋白的容器不可有油脂或水氣，以免影響蛋白打發。

02

Tips

把全蛋打入盆中，以大湯匙舀起蛋黃，若有蛋白附著，可以輕度繞圓搖晃的方式，將湯匙中多餘蛋白與蛋黃分開。03

03

3. 預熱烤箱

請於烘烤前先以上火 190℃、下火 140℃（若無上下火，則以 165℃）預熱烤箱。

4. 烤盤舖紙

若是製作蛋糕捲，則需先將深烤盤鋪上白報紙（或烘焙布）（見 P.143）。

製作蛋黃麵糊

直接法與燙麵法，會做出口感不同的戚風蛋糕，大家可以試看看！

直接法

液體油與蛋黃直接攪打，再加入液體與麵粉。由於油脂與液體並不容易結合，這時蛋黃中的卵磷脂就擔任了非常重要的乳化角色，讓完成的蛋糕組織更均勻細緻。

運用直接法蛋黃麵糊

P.44 柚見百香戚風
P.48 煉乳相思戚風
P.50 菠菜起司戚風
P.52 香料戚風
P.60 清爽芝麻米戚風
P.70 粉紅豹戚風
P.72 可愛熊蛋糕
P.76 喵咪戚風
P.88 秋日栗地瓜戚風
P.90 香蕉戚風
P.94 三色戚風
P.104 粉漾花環
P.110 味噌起司蛋糕
P.116 米歇爾香蕉捲
P.134 香草波士頓派

1. 液體油與蛋黃放入鍋中，以直線垂直來回混勻成有稠度的蛋黃液。01 02

01

02

Tips
垂直來回
通常搭配手持打蛋器使用，是乳化蛋黃糊時常用的動作。能快速的將油與蛋黃混合均勻。

2. 再依序加入牛奶，攪拌均勻後，再加入煉乳，同樣再攪拌均勻。03 04

03

04

Tips
其他液體
如果配方中有少量的其他液體，如百香果汁、檸檬汁、莓果汁等，可以先與主液體混合後再一起加入。

3. 將低筋麵粉一口氣倒入鍋中拌勻，完成的蛋黃麵糊會很有光澤。05 06

05

06

Tips
井字混合
粉料加入蛋黃糊時，為避免粉類噴濺，可先劃圈將周圍的粉拌入，再以「井字」混合，以減少低筋麵粉出筋機會。

燙麵法

先加熱液體油，倒入麵粉攪勻，再加入液體與蛋黃。燙麵可讓麵粉吸收比原本更多的液體，完成的蛋糕體保濕度會更好、更柔軟。

運用燙麵法蛋黃麵糊

1. 將液體油倒入單柄湯鍋中，以小火加熱至出現油紋（約 10 秒）時離火。01

2. 過篩的低筋麵粉倒入鍋中，打蛋器以劃圈方式確實拌勻成糊狀。02

Tips

倒入麵粉前若發現油溫過高，可待油溫降低再加入麵粉。

3. 再加入牛奶（或其他液體如莓果汁、咖啡液、優格等）攪拌均勻。03 04

Tips

本書燙麵法的做法是先將液態油與麵粉攪勻，再加入牛奶等液體材料，也有先將液態油與牛奶一起加熱後，再混入其他液體的做法。

4. 一次一顆蛋黃攪拌均勻後，再加入下一顆拌勻，完成有光澤的蛋黃麵糊。05 06

示範影片看這裡！

製作蛋白霜

好的工具是打發蛋白的第一步，建議至少為自己準備一台電動攪拌器，才能有效提高打發效率。

1. 將蛋白放入無油無水的鋼盆中，電動攪拌器以中速打散蛋白。01
2. 加入 1/3 的糖，將電動攪拌器轉高速攪拌，蛋白霜會開始變得細緻。02
3. 保持高速攪打，再加入 1/3 的糖，此時蛋白霜會開始出現紋路。03
4. 加入 1/3 的糖，轉中速將蛋白霜打至彎鉤狀。04

01

02

03

04

混合

蛋黃與蛋白的比重有很大的差異，確實將兩者相互混合的步驟非常重要，混合完美，成功的戚風蛋糕已經完成一半了！

1. 將 1/3 的蛋白霜混入蛋黃糊中，以打蛋器垂直攪拌後，再以「の」字翻拌均勻。01 02

Tips

の字翻拌

打蛋器從單柄鍋中劃開，再從周圍將底部蛋糕糊往上翻起，達到混合目的。動作要輕盈，以免消泡；亦不能太輕，導致拌勻時間過長而消泡。

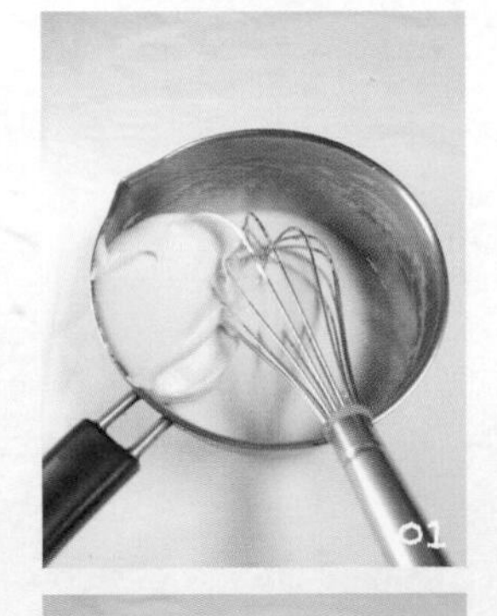
01

02

2. 將步驟 1 倒回剩餘的蛋白霜中，同樣先以打蛋器垂直攪拌，再進行翻拌，最後以刮刀確實翻拌均勻。03 04

Tips

先取 1/3 蛋白霜混合的原因

由於蛋黃重量較重，為加速混和的速度與均勻度，可先取部分混合，調整重量後，再與輕盈的蛋白霜混合，會更為順利。

03

04

關於蛋白打發狀態

「打發」是戚風蛋糕成功的重要關鍵，現在就來認識各種「打發」吧！

起泡或泡沫階段
Foamy

開始進行打發蛋白之前，須以電動打蛋器初步混合蛋白組織，這樣短暫快速的攪拌可使蛋白有起泡的現象，但整體而言仍是液體泡沫，表面的樣子浮有許多大小不一的泡泡。

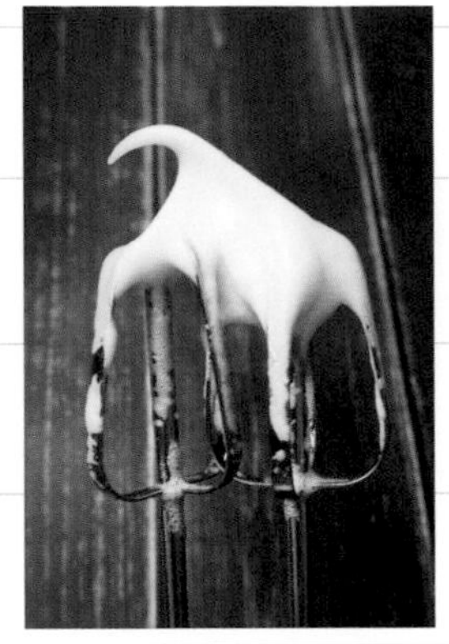

濕性發泡
Soft Peaks

以中速將蛋白組織攪拌出泡後，即可轉高速分三次加入糖類，蛋白間的氣泡會變得越來越密、有光澤、稠度高，最後完成有彎勾的蛋白霜，此時的蛋白霜相當有彈性，非常適合製作戚風蛋糕。

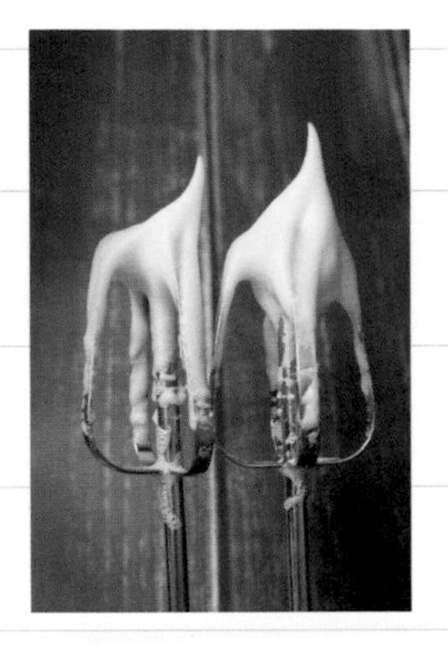

硬性發泡
Firm Peaks

保持中高速持續攪拌蛋白霜，若使用手持電動打蛋器，可輕易發現蛋白霜的阻力漸大，待拉起機器時蛋白成垂直堅挺狀，即達到硬性發泡，製作戚風波士頓派時，請務必使用此狀態的蛋白霜。

過發
Over-beating

硬性發泡的蛋白若繼續攪打，蛋白會由堅挺轉為不穩定的結塊離水狀，與蛋黃糊混合時可清楚發現蛋白霜產生小團塊，不僅失去光澤度，與蛋黃糊混合也容易有消泡的情形，使蛋糕烤焙後斷面清晰可見下層的粿狀。

步驟6 入模

前面每個步驟如實完成，入模的蛋糕糊一定非常完美！。當然，別忘了清除氣泡的動作哦！

1. 將完成的蛋糕糊，倒入戚風模或鋪有白報紙或烘焙布的深烤盤中。只要前面操作確實，蛋糕糊的濃稠度倒入模型時，會有些微摺痕；若攪拌過程消泡嚴重，將導致蛋糕糊過稀，入模便會從模型底部流出來。01 02

2. 戚風模— 以雙手托住戚風模身，雙手的拇指抵住中空柱，將模型稍微提起，重放於桌面上以震出大氣泡，再以竹籤劃圈消除多餘小氣泡。重放於桌面及以竹籤劃圈方式，無先後順序差異 03 04

3. 深烤盤—以刮板輕巧地抹平表面，端起烤模左右略微搖晃，讓表面呈現平坦狀態，或是在烤盤底部輕拍，重複這兩個動作，直到表面呈光滑狀，最後將烤盤稍微提高，重放於桌面上，震出大氣泡。05 06

Tips

絲綢質地般的皺褶

完成的戚風蛋糕糊倒入模型時，由於具有一定稠度，所以可看見淺淺的紋路皺褶。震出氣泡後，表面會稍微平坦，若蛋糕糊有消泡，呈現稀稀糊糊的狀態，入模後很容易直接流出模型，導致失敗。

Tips

分散入模？集中入模？

以中空模與圓模戚風來說，我習慣以緩慢旋轉模型的方式讓蛋糕糊均勻分布，以減少晃動與整平表面的時間。製作平板蛋糕時，將蛋糕糊集中於中間一次倒入，運用蛋糕糊的重量將白報紙與模型中間的空氣自中心往四周排出，完成後再將麵糊填滿四個角落並刮平。

01

02

03

04

05

06

烘烤

不論直烤法或烘蒸法，都要確實預熱烤箱，將蛋糕糊送入烤箱，準備迎接完美的戚風出爐！

直烤法

直烤法操作容易，完成的蛋糕體蓬鬆柔軟，切面組織均勻。

運用直接法蛋黃麵糊

1. 戚風模—將蛋糕糊倒入模型中，放入已預熱好的烤箱中烘烤。
   第一段烤溫/時間：190℃ /140℃ /10 分
   第二段烤溫/時間：180℃ /140℃ /18 分
   中途烤色不均可自行調頭烤盤。家中烤箱若無上下火，可將上下火的烤溫相加 ÷2。

2. 深烤盤—將蛋糕糊倒入模型中，放入已預熱好的烤箱中烘烤。
   全程烤溫 / 時間：190℃ /140℃ /25 分
   中途烤色不均可自行調頭烤盤。家中烤箱若無上下火，可將上下火的烤溫相加 ÷2。

烘蒸法

烘蒸法可以很輕易地保留食材的原色，較不易有明顯上色的外觀，對於有造型或圖樣的蛋糕來說，是很便利的做法。

Tips

運用烘蒸法烘烤

1. 淺烤盤架上烤架，烤盤內倒入 160 克的冷水，將烤模放在烤架上烘烤。
   第一段烤溫/時間：190℃ /140℃ /10 分
   第二段烤溫/時間：180℃ /140℃ /23 分
   中途烤色不均可自行調頭烤盤。家中烤箱若無上下火，可將上下火的烤溫相加 ÷2。

Tips

烘蒸法的水

以家用的 42 公升烤箱為例，本書以 160 克的冷水剛好，如果使用的烤箱更小，那麼水量就要更少；反之則增多一點，水在過程中蒸發完畢為正常，不需再次補水。

步驟8 脫模

終於到檢視戚風成功與否的階段了，切記倒扣至涼再完美脫模，讓戚風美美的呈現吧！

戚風模

以戚風模烘烤而成的戚風蛋糕，脫模是很多人的惡夢，跟著步驟做，你也可以脫出漂亮的戚風蛋糕。

1. 蛋糕出爐後須立刻重摔2～3次，將熱氣震出倒扣至涼。01 02

01

02

2. 徒手脫模可以先輕壓周圍與中柱，使蛋糕與模型分離。03 04 05

03

04

05

3. 以手輕輕推開蛋糕模型底部，倒扣至大盤中。06 07

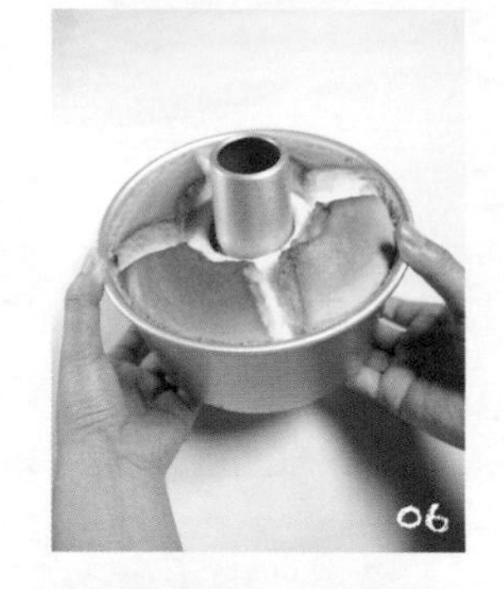

06

07

Tips

若蛋糕體沒有熟透，倒扣時蛋糕會因為濕度過高、重量太重而自動脫離烤模。由於戚風蛋糕的質量輕，確實倒扣可使蛋糕組織穩定較不易塌陷。

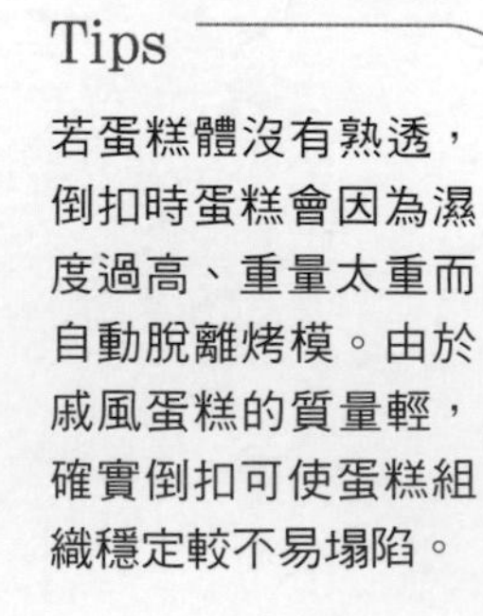

4. 輕壓蛋糕周圍，使其與中柱底順利分離，完成脫模。08 09 10

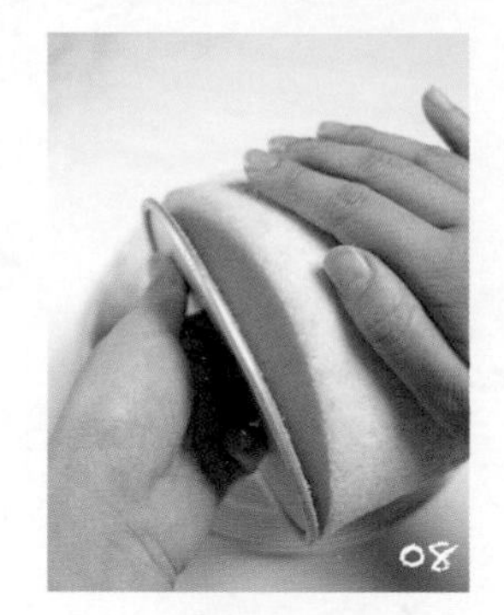

08

09

10

5. 徒手脱模的方式脱模後，蛋糕皮會黏附於模型上面是正常的。11

11

Tips

清洗戚風模 step by step

戚風模的清洗非常重要，這次的認真清洗是下次蛋糕成功的關鍵之一，所以千萬別偷懶哦！

1. 以塑膠刮板將模型上多餘的蛋糕皮刮除（中空柱亦同）。01 02

01

2. 刮除蛋糕皮除了可以節省清潔時間，也較不須擔心水管阻塞唷！
3. 接著就可以清潔海綿與塑膠刷搭配清潔。03 04

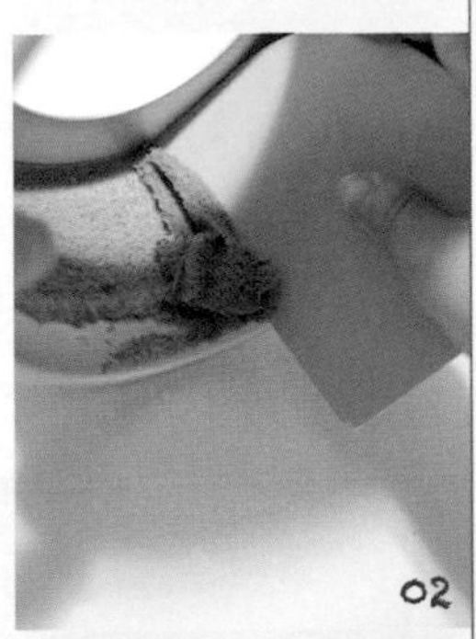

02

03

04

深烤盤

運用深烤盤烤蛋糕，雖不像戚風模需要倒扣，但脫模同樣也有不少祕訣與技巧，一起來看看！

1. 蛋糕烤好後，立刻出爐，把蛋糕移出烤模，將四個角的白報紙撕開散熱。01 02

01

02

3. 出爐後等待約 3～5 分鐘，確定蛋糕片沒有冒蒸汽後，再蓋上比它長至少 1/3 的白報紙避免表面變乾。稍涼後翻面，撕開底部的白報紙放涼。03

03

Tips

製作環境乾燥時，撕下底部的白報紙後，可蓋回蛋糕片上，避免置涼過程中，蛋糕體過於乾燥。

整型

來替蛋糕做點裝飾吧！加上打發的鮮奶油或是新鮮水果，讓它華麗出場！

圓形夾層蛋糕

戚風蛋糕因為蛋糕體很清盈，分層後不建議夾入太多內餡。

1. 蛋糕脫模後，將蛋糕以密封袋封緊後冷凍至少 4 小時。01

2. 蛋糕體變硬後，即可輕鬆切除頂部高出模型處，再將蛋糕體分切為數等份備用。02

蛋糕捲 / 分層蛋糕

這類的蛋糕造型變化多，內餡也可以做多種變化，盡情發揮自己的創意吧！

1. 整片使用，或是切出相同大小的蛋糕片備用。01 02

2. 如果想做成蛋糕捲，則視想做成內捲或是外捲方式，而有些微不同。

內捲法

淺色蛋糕面在外

A. 蛋糕脫模後，將蛋糕再度翻面，即蛋糕體顏色較深的那面在上。03

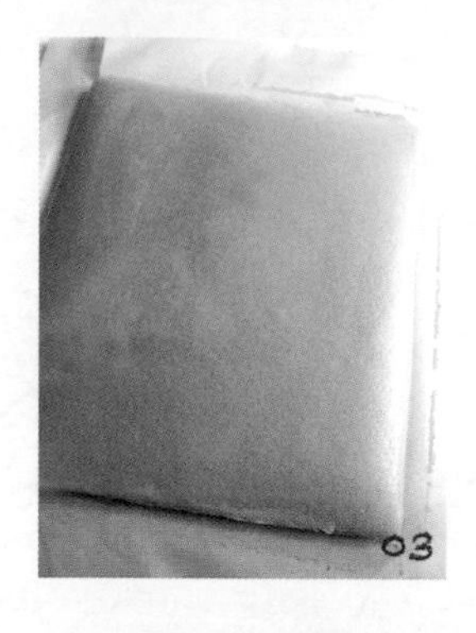

B. 於蛋糕起捲處輕劃開 1 ～ 2 刀，如此可讓蛋糕捲較不易斷裂。亦可切除蛋糕片兩側的乾燥處，讓蛋糕片捲起時會更順暢。04

外捲法

深色烤面在外

A. 蛋糕脫模後，不須再翻面，等待蛋糕體放涼後，開始整型。04

B. 於蛋糕起捲處輕劃開 1 ～ 2 刀，如此可讓蛋糕捲較不易斷裂。亦可切除蛋糕片兩側的乾燥處，讓蛋糕片捲起時會更順暢。05

3. 將蛋糕捲內餡抹於蛋糕片上，開頭處可多抹一些，捲起後的視覺效果會更飽滿。06 07 08

4. 將擀麵棍置於白報紙下方，輔助提起紙張。稍稍提起白報紙，輕壓蛋糕片的開頭處固定一下。09 10 11

5. 蛋糕片一鼓作氣捲到底，擀麵棍往自己的方向輕壓固定，一手將下方白報紙往外抽，收緊蛋糕捲。12 13 14

6. 白報紙確實收緊固定，冷藏一夜即可享用。冷藏前，確認蛋糕的收口是密合且朝下擺放。15 16

06

07

08

09

10

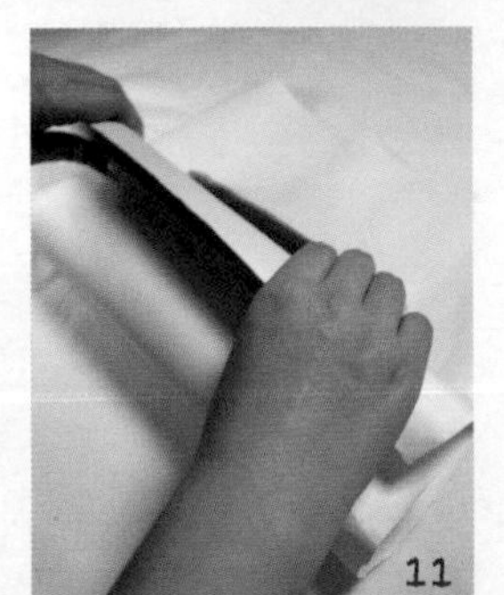
11

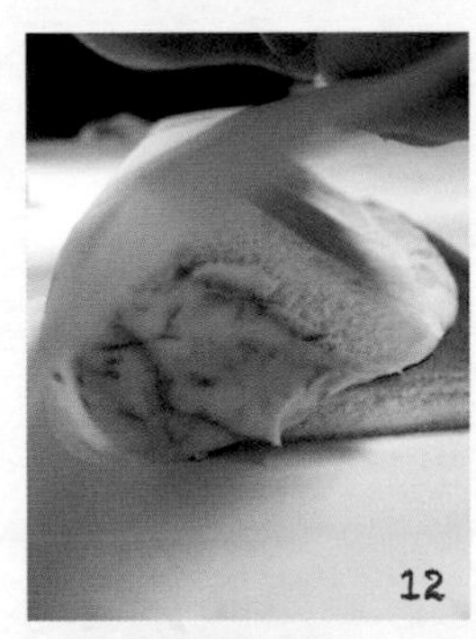
12

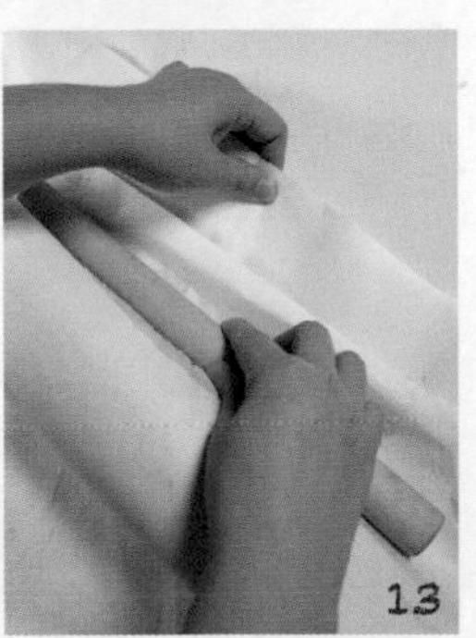
13

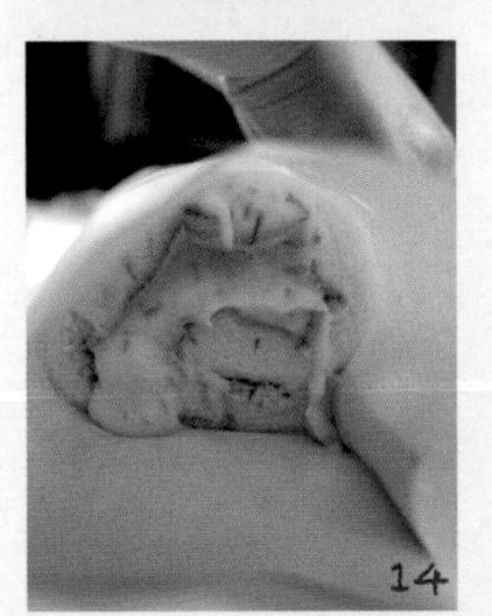
14

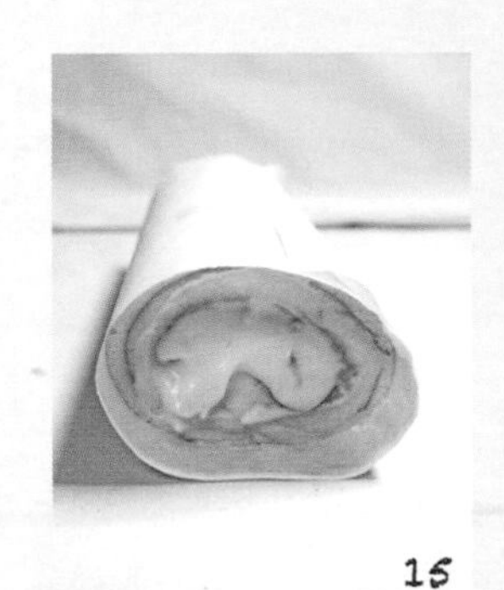
15

16

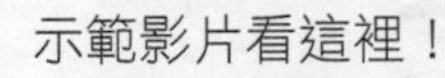
示範影片看這裡！

戚風蛋糕NG為什麼？

戚風的迷人之處，正是那蓬鬆柔軟，又帶著水潤口感的蛋糕體，
雖說操作與食材很簡單，卻也是很容易失手的一款蛋糕，
在不使用其他添加物的狀況下，必須單純仰賴蛋白與麵粉的支撐力將蛋糕撐起來，
有時一個不小心就會走向「氣瘋」蛋糕之路，在此分享幾款出爐慘烈的狀態。

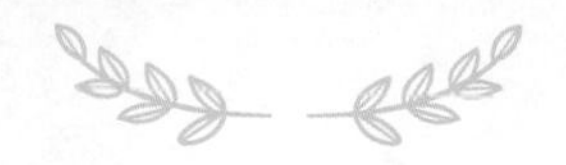

蛋糕底部凹陷

常見的問題像是「底部有上色、顏色偏深整圈均勻內凹，成圈狀或碗狀」，這有可能是由於下火過高，或是烤模放置的位置離下火太近造成的。但若是周圍深色但凹底的地方為淺色，則有可能是由於下火溫度太低造成的，可觀察烤出來的狀態再調整一下烤溫。若是無法分上下火的烤箱，可以選擇多墊一個烤盤或移動烤盤擺放的位置。

另外像是「凹了半圈，另外半圈卻很正常。」這種狀況常發生在家用烤箱，烤箱內部受熱不均就容易有這種情形發生。所以有時會透過將烤盤調頭的方式來平衡溫度，讓底部均勻受熱。

此外「局部凹陷」也很常見。這可能是蛋黃糊乳化不完全、局部濕性（含油、含糖）食材沉澱、烤模局部有水漬或油漬、烤盤導熱不均、倒入蛋糕糊時造成的氣泡。建議製作前確實留意每一個步驟，與模型的清潔。

還有「蛋糕底微微塌陷」的狀況，碰到這種狀況，建議製作戚風蛋糕務必使用分離式金屬模，若不小心使用了固定模又於底部鋪入烘焙紙，倒扣的過程中，就會使蛋糕底部無法固定於模型底，而產生凹陷的狀況。

蛋糕捲脫模後有大片蛋糕剝離

會有這種狀況通常是蛋糕沒有熟透造成的，蛋糕中間組織還不夠穩定就出爐。
建議增加下火溫度或延長烤焙時間，等蛋糕溫度稍降至適溫方可撕除底紙。

蛋糕側邊出現腰身或凹陷

側身凹陷主要是由於蛋糕沒有熟透造成的。這種狀況很容易發生在紙模運用上，紙張導熱速度較金屬慢，表面上色完成後，往往側邊卻還沒有熟透，導致出爐時間誤判。建議出爐前可以蛋糕探針或竹籤插入中間確認，若抽出時沾有較濕的麵糊，就表示還無法出爐，需要延長烤焙時間。

另一種狀態是蛋糕側邊有一條深深的凹痕（摺痕）。這種蛋糕通常是由於蛋糕組織未穩定就脫模或是粉量過低造成的。
下次脫模前請務必摸摸中空管內側或底部，確認涼透後方可脫模，若不急著裝飾，亦可將蛋糕整個連同模型一起封緊放冷藏，隔天早晨再脫模。

蛋糕側身的不明凹洞

戚風蛋糕糊的混合，通常會先將1/3的蛋白舀至蛋黃糊中，使質地均衡後，再混入蛋白霜中，其中的混合動作若不夠確實，很容易造成蛋糕糊中的氣泡或蛋白塊，烘烤後就會在蛋糕中形成局部的空體。

有時想發揮創意在蛋糕中加入其他配料，但若是配料過濕、含油脂，也會造成這樣凹洞。

蛋糕頂部大爆發或呈飛碟狀

戚風頂部有裂紋是很正常的，美麗的裂紋是水氣噴發的好吃象徵呢！但如果裂得太誇張，就可能是麵糊的量對該模型來說太多了、或是蛋白打得太發了，有時底火過高也會導致這樣的情形。

飛碟狀的蛋糕頂，通常會發生在使用多段烤溫的做法上。（例如：想要先以高溫讓蛋糕結皮再以低溫烘烤至熟），這樣的做法若溫度控制不當，很容易使蛋糕表面結硬皮後中心還沒熟透，待蛋糕中心受熱要開始膨脹，卻又受到表面硬皮的壓力，只好從側身綻開了。

建議降低上火烘烤，並確認蛋糕糊的量不會過多、是否過度攪拌出筋，這些狀態，也很容易導致戚風頂部的變化。

倒扣冷卻時，蛋糕直接掉下來了？

通常蛋糕「墜樓」事件，會發生在使用不沾模的狀況，若是確定自己使用的是陽極模或是硬膜，就有可能是蛋糕內部未烤透（或烤熟），加入過多份量的配料，例如：地瓜塊、芋頭塊的蛋糕體重量會變重，因此容易於倒扣狀態自動脫模。

戚風蛋糕常見 Q&A 總整理

初次接觸戚風的你，相信看完初步介紹心中應該還是有些小疑問，
其實在部落格分享文章這些年來，
常有許多粉絲私訊詢問許多製程與食材上的問題，
希望本篇的記錄，能稍稍解決你的疑惑。

做戚風要用什麼樣的油比較好？

油脂可使蛋糕組織柔軟水潤，一般戚風蛋糕常用的液體油，如：玄米油、芥花油、菜籽油、葵花油，較不建議添加花生油、麻油、橄欖油這類風味過於明顯的油脂，除非是為了製作特殊風味的蛋糕，可斟酌使用。

燙麵法要如何判斷油溫？

油溫在加溫的火力須特別注意，火太大容易讓油溫瞬間過高，導致麵粉吸水力提升，讓麵糊產生嚴重成團的情形，且不易再攪散。另外初學者對油紋的判斷經驗不足，也容易讓油溫過高，因此開小火放上湯鍋後，約 10 秒就離火，是安全的作業方式。

燙麵法的油溫過高了，怎麼辦？

如果油溫過高，低筋麵粉倒入時就不會成為糊狀，而是成「團」。多加入液體慢慢將麵糊的稠度調整到需要的狀態的確可以解決成團的問題，不過這種做法會讓蛋糕成份裡增加很多配方外的液體，烘烤的時間也會變長，操作不慎很容易在倒扣時整個蛋糕掉落，較建議先將油放一邊待涼，再重新加熱接續放入麵粉的步驟。

燙麵法中，液態油與麵粉先混合比較好？還是液態油與液體先混合較好？

油先與麵粉混和，可以確保油脂事先包覆澱粉，使麵粉無法先與液體作用產生筋性，後續加入液體的步驟就不需要過於擔心攪拌出筋。
也可事先將油、液體混合加熱，再放入麵粉，由於省去了加入液體後的攪拌次數，也較不用擔心出筋的問題，目的性與前者是雷同的。但有一點稍微不同的是，先與牛奶混合的油脂，會看不出油紋，仍建議以小火加熱至鍋邊周圍冒出細小泡泡（通常比液體油單獨加熱要多一點時間左右）即可離火加入麵粉。

製作蛋黃麵糊時，蛋黃可以一口氣加入嗎？

本書的製作方式是一顆一顆加入，每加入一顆，先攪勻後，再下下一顆蛋黃。由於許多讀者製作時只算蛋的顆數而不秤重，若是使用到大顆蛋時，很容易不小心讓蛋黃過多，蛋黃糊變得很濕，可藉由慢慢加入蛋黃的方式確保蛋黃糊稠度。

做戚風要用冷藏蛋？常溫蛋？

兩種都可以，雖然比起常溫蛋白，冷的蛋白比較不容易打發，但打出來的蛋白霜卻會更為穩定，建議最佳打發溫度約在 19℃左右。夏天炎熱時，可將蛋白置於冷凍庫，待要打蛋白霜時才取出。

可以先打蛋白霜再製作蛋黃糊嗎？

本書的食譜都是先製作蛋黃糊後，再接著製作蛋白霜。主要是因為蛋白霜完成後非常容易有離水狀態（組織變得粗粗的，好像表面浮出很多泡泡），因此建議打發至需要的狀態後就立即使用。

戚風的蛋白霜要打到什麼程度最好？

本書的製作方式，都將蛋白霜打到濕性發泡（Soft Peaks）的狀態，這樣的口感較為鬆軟，如果想得到較具 Q 度口感的戚風，則可將蛋白霜打到硬性發泡（Firm Peaks）的狀態。
關於蛋白霜的詳細說明請見 P.21「關於蛋白打發狀態」。

蛋白霜中的砂糖不能一次直接加入嗎？

由於糖類具有讓蛋白不容易起泡的效果，一次性加入的蛋白打發時間會比較久，尤其是對於使用手持電動攪拌機的家庭烘焙者來說更是如此，分三次加入的蛋白霜除了起泡度比較好之外，完成品的高度也會稍微高一些。但也並不是所有的食譜都需要將砂糖分多次加入，有些用量不多的點心也是可以一次性加入的，所以還是須清楚閱讀食譜的標示唷！

蛋白霜需不需要加入檸檬汁、醋或塔塔粉？

打蛋白時可適時添加檸檬汁、白醋或是少許塔塔粉以平衡酸鹼度，但其實只要蛋白霜打得穩，還是可以省略的，不過蛋黃糊若有添加容易因酸鹼值變色的食材（例如：含有花青素的藍莓、桑葚等），建議務必添加，以使成品保有最佳色澤。

本書中蛋白霜裡使用的糖，在口感上有什麼不一樣？

本書中常使用細砂糖、黑糖、海藻糖、糖粉、三溫糖等來做戚風。
細砂糖是一般最常見且容易取得的糖類，顏色白皙，風味單純。
黑糖是我自己很喜歡使用的，雖然用於打發蛋白時間會稍微拉長，但完成的蛋白霜質地會非常細緻，且蛋糕體會帶著淡淡的黑糖香，也由於黑糖的保濕性，蛋糕體嘗起來會更水潤。
海藻糖嘗起來的甜度只有一般砂糖的 45% 左右，通常使用的目的是為了它極佳的保濕性與延緩澱粉老化的特性，並不是為了 100% 取代砂糖，建議配方中的糖若想調整，可將糖量 1/4 換成海藻糖即可達到效果。
三溫糖也是具有非常好的保濕力，它是反覆熬煮細砂糖精製後產生的糖。由於加熱而帶有少許焦糖的成份，嘗起來會有些許特殊香氣。

蛋黃麵糊和蛋白霜混拌過程中，建議使用打蛋器還是攪拌刮刀？

兩者需要並用，先以打蛋器快速大面積混合兩種材料後，再以刮刀仔細翻拌。

純米粉（如蓬萊米粉）和低筋麵粉，做出來的戚風口感差別在哪？

蓬萊米粉由於沒有筋性，蛋糕本身的支撐力只能依靠穩定的蛋白霜，嘗起來口感會比純低筋麵粉製作的還要乾爽蓬鬆，且帶有米香味。

蛋黃麵糊用燙麵法和直接法在口感上有分別嗎？
直烤法和烘蒸法口感上又有什麼不一樣？

蛋黃麵糊使用燙麵法和直接法口感上各有些微不同；至於烤法上，也有一點點小差異。特別整理了以下表格給讀者，大家可以嘗試看看，試試哪種口感自己與家人最喜歡！

不同做法、烤法之戚風口感參考

蛋黃麵糊做法 / 烘烤法	直接法	燙麵法
直烤法	輕盈爽口	輕盈 Q 潤
烘蒸法	輕盈 Q 潤	保濕水感

烘蒸法為什麼烤出來周圍會濕濕的？

由於烘蒸法提高烤箱中的水氣，所以務必確實烤透，成品才不會有明顯縮小（縮腰）或是周圍潮濕的狀況。若有周圍偏濕的情形，建議下次烘烤時將淺烤盤內的水量減少即可。

想在蛋糕體裡加入其他的固體食材，有什麼要注意的嗎？

基本款的蛋糕體中加上如地瓜、果乾等，可以增加戚風的口感，但要注意的是想加入這些食材，請盡量選擇單純的果乾，外層沒有裹糖粒（粉）的款式，以免造成蛋糕體局部的空洞。使用時也別忘了事先將這些材料裹上薄薄的一層低筋麵粉，才不會沉底。這些固體食材須在攪拌好蛋糕糊時才放入，輕盈混拌均勻，以避免消泡。

模具與烤溫有影響嗎？

陽極模與硬膜的烤溫相近，初買新模時，可先用自己慣用的烤溫嘗試。由於紙張導熱速度較金屬慢，所以紙模運用時，往往表面與底部上色完成後，側邊卻還沒有熟透，導致成品縮腰或倒扣掉落。建議出爐前可以蛋糕探針或竹籤插入中間確認，若抽出時沾有較濕的麵糊，就表示還無法出爐，需要延長烤焙時間。

戚風烘烤時一定要劃線嗎？

戚風最大的特色就是頂部美麗的裂紋，至於是自然的裂開或是規則的放射狀，則可依自己的喜好選擇了。

預熱烤箱時，烤盤 / 烤架要一起預熱嗎？

預熱烤箱時，烤盤 / 烤架不用不需預熱。

戚風蛋糕最佳品嘗時機？

戚風蛋糕剛出爐時還未恢復水潤的口感，建議冷卻後封緊，放置冰箱冷藏一夜後再享用，冰冰涼涼的口感搭配蓬鬆美味的蛋糕體最是美味了。

戚風蛋糕需要冰嗎？蛋糕捲又該如何保存呢？

在潮濕的台灣，戚風蛋糕建議放冰箱保存會比較安心，尤其夏季高溫置於室溫下的蛋糕很容易變質。除非是冬季寒流來襲，溫度與濕度都很低的時候，可放於室溫，但仍建議儘早享用完畢。蛋糕捲內餡通常不耐室溫，可冷藏或冷凍保存，但內餡若有新鮮水果建議放冷藏保存唷！

工具清洗的重要性與小撇步

蛋糕烘烤完後，模具在乾燥的狀況下，先以刮板將模型上殘留的蛋糕體刮除（放入垃圾桶以免水管阻塞），再以塑膠刷大面積刷洗，並搭配餐具用海綿仔細清潔。每一次都要將工具清洗好，不潔的工具也是讓戚風蛋糕做失敗的原因之一呢！

烤模如何換算？

許多讀者對於模具的轉換常有疑慮，網路上找得到「蛋糕尺寸換算表」，但其實只要了解換算的方式，拿起計算機算一算，也是很容易。

A. 圓形模互換

圓模容積計算：3.14× 半徑 × 半徑 × 高，我們只需知道兩個模型的容量差異，就可以鬆鬆換算了。例：

6 吋平底圓模 尺寸 15.2×15.2×6.9cm	→	8 吋平底圓模 尺寸 20.3×20.3×7.1cm

6 吋模型容積為→ 3.14×7.6×7.6×6.9=1251 cm^3
8 吋模型容積為 → 3.14×10×10×7.1=2167 cm^3
* 想將 6 吋換成 8 吋：2167÷1251 ≒ 1.78
  即表示，只要將 6 吋配方內數字 ×1.78 就可以供 8 吋使用。
* 想將 8 吋換成 6 吋：1251÷2167 ≒ 0.58
  即表示，只要將 8 吋配方內數字 ×0.58 就可以供 6 吋使用。

B. 方形模互換

方模容積計算：長 × 寬 × 高。
新模型的容積 ÷ 原模型的容積＝放大／縮小的數值
例：

A 烤盤：35×25×3 cm	→	B 烤盤：28×24.8×3 cm

A 烤盤容積為 → 2625 cm^3　　B 烤盤的容積為→ 2083 cm^3
* 想將 A 換成 B：2083÷2625 ≒ 0.79
  即表示，只要將 A 烤盤配方內數字 ×0.79 就可以供 B 烤盤使用。
* 想將 B 換成 A ：2625÷2083 ≒ 1.26
  即表示，只要將 B 烤盤配方內數字 ×1.26 就可以供 A 烤盤使用。

Tips

圓模與方模換算方式亦同，先丈量模型的尺寸，分別計算容積，再視替換需求運算即可。

戚風失敗了怎麼辦？

取出正常蛋糕體的戚風，去除粿狀的部分（如：單純脫模失手、下半部沉澱），將戚風撕成小塊，放入喜歡的新鮮水果、加上打發的鮮奶油，即完成戚風杯杯，不過建議要即時完食哦！

製作不同口味的戚風要注意什麼？

戚風蛋糕的組成可分為蛋黃糊與蛋白霜。蛋黃糊主要成分為液體油、蛋黃、液體、粉類，而蛋白霜是由蛋白與糖組成。

粉類—戚風蛋糕主體以低筋麵粉為主，若想變換口味，可混入 7~10% 左右的風味色粉，如抹茶、咖啡……。至於低筋麵粉的選擇，建議初學者可先選用較平價的款式，待操作熟練後，再嘗試更高等級的低筋麵粉。

糖類—糖在戚風蛋糕中，除了扮演主要甜味來源，更關乎著蛋糕體的濕潤度、柔軟度、風味、色澤，常見的像是細砂糖、二砂糖、和三盆糖、三溫糖……，只要不是顆粒過大（如冰糖）或是特殊用途的糖類（防潮糖粉）其實都可嘗試看看。

液體—原味戚風中會使用的是牛奶或水作為主要液體，想嘗試其他口味，可少量添加果醬、蜂蜜、煉乳等等。

需特別注意的是，這些風味粉、糖或是液體使用上不要為了凸顯味道而過度添加，以免影響蛋糕成敗唷！

如何判別蛋糕使是否熟了？

烘烤時間到，除了一般以竹籤於蛋糕的中心處插入，取出後確認沒有沾上濕潤的蛋糕糊，藉以來判斷蛋糕是否熟了之外，還有以下幾個判斷方式：

1. 熟了的蛋糕裂紋處一定會呈現乾燥且上色狀態，若看起來是帶有小泡泡的濕潤感，就還不能出爐。
2. 用手輕拍蛋糕表面，有「砰砰」聲（不是沙沙聲的氣泡擠壓破裂聲）即可，尤其是枕頭蛋糕、平盤蛋糕，若是烤熟了，「砰砰」聲很容易辨別。
3. 最佳出爐時機，從最高點開始稍微下降，就可以出爐了，若不小心烘烤過久，戚風會在烤箱中越來越矮唷！
4. 平盤蛋糕的表皮要烤乾，否則後續翻面時會有黏皮的情形，烤焙完成的確認方式是用手摸摸表皮，是否不黏且會回彈。平盤蛋糕體較薄，即使以竹籤插入沒有麵糊，但蛋糕體可能還是處在沒熟狀況，因此以手測試較為準確。

Part3

新手的基礎戚風

學會基礎戚風的操作後，
就可嘗試變換不同口味囉！
即使外表沒有華麗的造型裝飾，
Q軟水潤有彈性的口感，
就讓人非常著迷了！

優格戚風

Yogurt Chiffon Cake

運用優格天然的保濕特性，將其混入蛋糕中做為液體，
更是讓這款戚風吃起來更加輕盈爽口，
細緻水感的質地讓吃過的人都讚不絕口，
享用前撒上新鮮的檸檬皮，風味會更迷人唷！

製作 & 烘烤法

- 蛋黃麵糊：燙麵法
- 烘烤方式：直烤法
- 基礎戚風製作過程請見 P.16。

工具

17cm 中空模

材料

蛋黃麵糊

低筋麵粉	45 克
玉米粉	5 克
無糖優格	70 克
玄米油	30 克
蛋黃	55 克

蛋白霜

蛋白	120 克
砂糖	36 克

預備動作

Before Baking

1. 低筋麵粉和玉米粉一起過篩兩次。
2. 預熱烤箱。
3. 蛋黃與蛋白分離備用。

做法

How To Make

A. 製作蛋黃麵糊

1. 將玄米油倒入單柄湯鍋中，以小火加熱至出現油紋（約 10 秒）。
2. 將粉類倒入鍋中，以打蛋器確實攪拌均勻成糊狀。
3. 再加入無糖優格攪拌均勻。01
4. 一次加一顆蛋黃，拌勻後再加入下一顆，逐次將所有蛋黃加入攪勻，完成蛋黃糊。

B. 製作蛋白霜

5. 將蛋白放入無油無水的鋼盆中，以電動攪拌器中速→高速→中速的方式打發，並分三次加入砂糖，將蛋白霜打至彎鉤狀，完成的蛋白霜會相當細緻有光澤。02

C. 混合

6. 取 1/3 蛋白霜混入蛋黃糊中，以打蛋器垂直攪拌後，再翻拌均勻，再倒回剩餘的蛋白霜中，以攪拌刮刀確實翻拌均勻。03

D. 入模

7. 完成的蛋糕糊，倒入戚風模型中。將模型稍微提起，重放於桌面上以震出大氣泡，再以竹籤劃圈消除多餘的小氣泡。

E. 烘烤 & 脫模

9. 用直烤法以 190℃ /140℃ 烤 10 分鐘後，再轉 180℃ /140℃ 烤 18 分鐘，出爐後將蛋糕重敲倒扣至涼，完成脫模。04

01

02

03

04

莓果戚風

Berries Chiffon Cake

把香甜新鮮莓果打碎混入蛋糕糊中，嘗起來有戀愛的滋味呢！
這款蛋糕操作時要特別注意的是莓果中天然的花青素，
碰到鹼性蛋白霜可能會讓蛋糕呈現黯淡的顏色，
記得加點酸性物質平衡，蛋糕的色澤與風味都會更好唷！

製作 & 烘烤法

- 蛋黃麵糊：燙麵法
- 烘烤方式：直烤法
- 基礎戚風製作過程請見 P.16。

工具

17cm 中空模

材料

蛋黃麵糊

低筋麵粉	50 克
玄米油	30 克
蛋黃	55 克
新鮮莓果	70 克
水	45 克

蛋白霜

蛋白	120 克
砂糖	36 克
檸檬汁	4 克

烘焙小重點

- 本食譜中的檸檬汁建議務必添加，才可以確保烘烤後的蛋糕是美麗的粉色唷！

預備動作

Before Baking

1. 低筋麵粉過篩兩次。
2. 預熱烤箱。
3. 蛋黃與蛋白分離備用。
4. 新鮮莓果與水混合，以果汁機打碎後，取 100 克。

做法

How To Make

A. 製作蛋黃麵糊

1. 將玄米油倒入單柄湯鍋中，以小火加熱至出現油紋（約 10 秒）。
2. 將低筋麵粉倒入鍋中，以打蛋器確實攪拌均勻成糊狀。
3. 再加入莓果汁攪拌均勻。01
4. 一次加一顆蛋黃，拌勻後再加入下一顆，逐次將所有蛋黃加入攪勻，完成蛋黃糊。

B. 製作蛋白霜

5. 將蛋白以電動攪拌器中速→高速→中速的方式打發，並分三次加入砂糖與檸檬汁，將蛋白霜打至彎鉤狀，完成的蛋白霜會相當細緻有光澤。02

C. 混合

6. 取 1/3 蛋白霜混入蛋黃糊中，以打蛋器垂直攪拌後，再翻拌均勻，再倒回剩餘的蛋白霜中，以攪拌刮刀確實翻拌均勻。03

D. 入模

7. 完成的蛋糕糊，倒入戚風模型中。將模型稍微提起，重放於桌面上以震出大氣泡，再以竹籤劃圈消除多餘的小氣泡。04

E. 烘烤 & 脫模

8. 用直烤法以 190℃ /140℃ 先烤 10 分鐘後，再轉 180℃ /140℃ 烤 18 分鐘，出爐後將蛋糕重敲倒扣至涼，完成脫模。

01

02

03

04

薑汁紅茶戚風

Ginger Black Tea Chiffon Cake

一直很喜歡生薑的味道，
薑汁汽水、薑汁巧克力……都是我的心頭好。
它的風味鮮明，用於搭配紅茶茶汁，
烘烤後的風味沒想到竟是如此溫潤，
每一口都有香香的薑味！

製作 & 烘烤法

- 蛋黃麵糊：燙麵法
- 烘烤方式：直烤法
- 基礎戚風製作過程 請見 P.16。

工具

14cm 加高中空模

材料

蛋黃麵糊

低筋麵粉	50 克
玄米油	30 克
蛋黃	55 克
日月潭紅茶	8 克
熱水	45 克
薑汁泥	10 克

蛋白霜

蛋白	120 克
砂糖	36 克

預備動作
Before Baking

1. 低筋麵粉過篩兩次。
2. 預熱烤箱。
3. 蛋黃與蛋白分離備用。
4. 茶葉先以熱水泡開後，放置微溫，取 35 克備用。

做法
How To Make

A. 製作蛋黃麵糊

1. 將玄米油倒入單柄湯鍋中，以小火加熱至出現油紋（約 10 秒）。
2. 將低筋麵粉倒入鍋中，以打蛋器確實攪拌均勻成糊狀。
3. 再加入茶汁與蛋黃攪拌均勻。
4. 加入薑汁泥混合均勻，即完成蛋黃糊。01

A. 製作蛋黃麵糊

5. 將蛋白放入無油無水的鋼盆中，以電動攪拌器中速→高速→中速的方式打發，並分三次加入砂糖，將蛋白霜打至彎鉤狀，完成的蛋白霜會相當細緻有光澤。02

C. 混合

6. 取 1/3 蛋白霜混入蛋黃糊中，以打蛋器垂直攪拌後，再翻拌均勻，再倒回剩餘的蛋白霜中，以攪拌刮刀確實翻拌均勻。

D. 入模

7. 完成的蛋糕糊，倒入戚風模型中。將模型稍微提起，重放於桌面上以震出大氣泡，再以竹籤劃圈消除多餘的小氣泡。03

E. 烘烤 & 脫模

8. 用直烤法以 190℃ /140℃ 先烤 10 分鐘後，再轉 180℃ /140℃ 烤 18 分鐘，出爐後將蛋糕重敲倒扣至涼，完成脫模。04

01

02

03

04

柚見百香戚風

Passion Fruit Chiffon Cake with Pomelo

百香果有種獨特的香氣，即使是將它遠遠地放在廚房，
客廳中還是不時傳來陣陣熟成的香甜味道，我很喜歡這種熱帶氣息，
搭配柚子絲的口感，交織出這款充滿果香的戚風蛋糕。

製作 & 烘烤法

- 蛋黃麵糊：直接法
- 烘烤方式：直烤法
- 基礎戚風製作過程請見 P.16。

工具

17cm 中空模

材料

蛋黃麵糊

低筋麵粉	50 克
百香果汁	35 克
三溫糖	5 克
玄米油	36 克
蛋黃	53 克
百香果籽	少許
柚子碎絲	20 克
牛奶	5 克

蛋白霜

蛋白	120 克
砂糖	39 克

烘焙小重點

- 柚子絲盡量選擇單純果乾，外層沒有裹糖粒（粉）的款式，以免造成蛋糕體局部空洞。03
- 裹粉有助於柚子絲與百香果籽不沉底。

預備動作

Before Baking

1. 低筋麵粉過篩兩次。
2. 預熱烤箱。
3. 蛋黃與蛋白分離備用。
4. 百香果先以網篩濾汁備用，取少許籽混入蛋糕糊，增加口感。
5. 柚子絲剪碎後，混合少許低筋麵粉備用。

做法

How To Make

A. 製作蛋黃麵糊

1. 將蛋黃、糖與液體油一起放入小鍋中，以打蛋器快速拌匀。
2. 加入百香果汁混合後，加入牛奶拌勻。01
3. 將過篩後的低筋麵粉一口氣倒入盆中，輕巧地拌匀。

B. 製作蛋白霜

4. 將蛋白放入無油無水的鋼盆中，以電動攪拌器中速→高速→中速的方式打發，並分三次加入砂糖，將蛋白霜打至彎鉤狀，完成的蛋白霜會相當細緻有光澤。

C. 混合

5. 取 1/3 蛋白霜混入蛋黃糊中，以打蛋器垂直攪拌後，再翻拌均匀，再倒回剩餘的蛋白霜中，以攪拌刮刀確實翻拌均匀。
6. 混入裹粉的柚子絲與百香果籽，略微攪拌。02

D. 入模

7. 完成的蛋糕糊，倒入戚風模型中。將模型稍微提起，重放於桌面上以震出大氣泡，再以竹籤劃圈消除多餘的小氣泡。

E. 烘烤 & 脫模

8. 用直烤法以 190℃ /140℃先烤 10 分鐘後，再轉 180℃ /140℃烤 18 分鐘，出爐後將蛋糕重敲倒扣至涼，完成脫模。

可可大理石戚風

Cocoa Marble Chiffon Cake

說到製作戚風時最療癒的畫面
我想～就是看著涓絲般細緻的麵糊緩緩流入模型中吧！
多變的大理石紋，是許多人製作混色戚風的入門，
每個獨一無二的花紋更是讓人期待切開後的斷面。
期待在深淺交錯的可可漩渦中，也能蹦出你專屬的驚喜。

製作 & 烘烤法

- 蛋黃麵糊：燙麵法
- 烘烤方式：直烤法
- 基礎戚風製作過程請見 P.16。

工具

6 吋平底硬模

材料

蛋黃麵糊

低筋麵粉	50 克
玄米油	30 克
牛奶	45 克
蛋黃	53 克
米歇爾可可粉	7 克
調合用熱水	15 克

蛋白霜

蛋白	120 克
糖	36 克
檸檬汁	4 克

烘焙小重點

- 雙色麵糊翻拌的次數不需多，亦不要再以竹籤消除氣泡，以免紋路變得不明顯。
- 為確保風味，建議選用無糖純可可粉製作，避免使用一般沖泡即飲的可可粉。
- 檸檬有穩定蛋白的效果，此處不建議省略。

預備動作
Before Baking

1. 低筋麵粉過篩兩次。
2. 預熱烤箱。
3. 蛋黃與蛋白分離備用。
4. 將可可粉與熱水調成可可糊備用。01

01

做法
How To Make

A. 製作蛋黃麵糊

1. 以 P.19 步驟 3 燙麵法製作蛋黃麵糊。

B. 製作蛋白霜

2. 將蛋白放入無油無水的鋼盆中，以電動攪拌器中速→高速→中速的方式打發，並分三次加入砂糖與檸檬汁，將蛋白霜打至彎鉤狀，完成的蛋白霜會相當細緻有光澤。

C. 混合

3. 取 1/3 蛋白霜混入蛋黃糊中，以打蛋器垂直攪拌後，再翻拌均勻，再倒回剩餘的蛋白霜中，以攪拌刮刀確實翻拌均勻。
4. 完成的蛋糕糊取 30 克至調理缽中，並倒入剛剛調好的可可糊混拌均勻。02
5. 完成的可可糊倒回原味蛋糕糊中，以刮刀稍微上下翻拌混合。

02

Tips

由於可可粉容易結塊，先調成可可糊後再使用，可以減少混合需要的時間，降低消泡的可能！

D. 入模

6. 蛋糕糊倒入戚風模型，將模型稍微提起，重放於桌面上以震出大氣泡。03

03

E. 烘烤 & 脫模

7. 用直烤法以 190℃ /140℃先烤 10 分鐘後，再轉 180℃ /140℃烤 18 分鐘，出爐後將蛋糕重敲倒扣至涼，完成脫模。04

04

煉乳相思戚風

Red Bean with Condensed Milk Chiffon Cake

我帶著蛋糕返鄉，兩歲多的姪子立刻眼睛一亮害羞地問：「請問我可以偷吃嗎？」
「好呀～」語畢，小小手立刻將蛋糕撕了一個洞。
想不到原本以為的大人味，居然能讓小朋友這麼喜歡
完成的蛋糕還能沾著少許煉乳吃，奢華版的風味也非常棒唷！

製作 & 烘烤法

- 蛋黃麵糊：直接法
- 烘烤方式：直烤法
- 基礎戚風製作過程請見 P.16。

工具

14cm 加高中空模

材料

蛋黃麵糊

低筋麵粉	50 克
自製蜜紅豆	55 克
牛奶	35 克
煉乳	8 克
玄米油	36 克
蛋黃	53 克

蛋白霜

蛋白	120 克
砂糖	39 克

預備動作
Before Baking

1. 低筋麵粉過篩兩次。
2. 預熱烤箱。
3. 蛋黃與蛋白分離備用。
4. 製作蜜紅豆（見 P.144）。

做法
How To Make

A. 製作蛋黃麵糊

1. 將蛋黃與液體油一起放入小鍋中。
2. 加入煉乳攪拌均勻。01
3. 再加入蜜紅豆粒與牛奶，透過攪拌過程自動弄破部分紅豆粒，不需刻意壓碎。02
4. 將過篩後的低筋麵粉一口氣倒入盆中，輕巧地拌勻。

B. 製作蛋白霜

5. 將蛋白放入無油無水的鋼盆中，以電動攪拌器中速→高速→中速的方式打發，並分三次加入砂糖，將蛋白霜打至彎鉤狀，完成的蛋白霜會相當細緻有光澤。

C. 混合

6. 取 1/3 蛋白霜混入蛋黃糊中，以打蛋器垂直攪拌後，再翻拌均勻，再倒回剩餘的蛋白霜中，以攪拌刮刀確實翻拌均勻。

D. 入模

7. 完成的蛋糕糊，倒入戚風模型中。將模型稍微提起，重放於桌面上以震出大氣泡，再以竹籤劃圈消除多餘的小氣泡。

E. 烘烤 & 脫模

8. 用直烤法以 190℃ /140℃先烤 10 分鐘後，再轉 180℃ /140℃ 烤 18 分鐘，出爐後將蛋糕重敲倒扣至涼，完成脫模。03 04

01

02

03

04

菠菜起司戚風

Spinach Chiffon Cake with High melting cheese

綠色系的蛋糕，除了抹茶你還試過什麼食材呢？
菠菜的生菜味淡、葉質細，
是很適合用於製作菜泥的材料。更讓人喜歡的是，
烘烤後色澤不易變黃，相當推薦用於製作彩色蛋糕唷！

製作 & 烘烤法

- 蛋黃麵糊：直接法
- 烘烤方式：直烤法
- 基礎戚風製作過程請見 P.16。

工具

6 吋硬模

材料

蛋黃麵糊

低筋麵粉	50 克
玄米油	36 克
蛋黃	53 克
煉乳	5 克
燙熟新鮮菠菜	70 克
水	20 克

蛋白霜

蛋白	120 克
砂糖	39 克

其他

高熔點起司丁	35 克
帕馬森起司粉	5 克
黑胡椒粒	2 克

烘焙小重點

- 起司粉容易結塊，請務必以過篩的方式撒上。
- 這款蛋糕頂部撒上了起司丁，因此不需要劃線唷！

預備動作
Before Baking

1. 低筋麵粉過篩兩次。
2. 預熱烤箱。
3. 蛋黃與蛋白分離備用。
4. 燙熟的菠菜與水混合打成泥，取約 65 克備用。01

做法
How To Make

A. 製作蛋黃麵糊

1. 將蛋黃與液體油一起放入小鍋中。
2. 以直線攪拌的方式快速混合均勻，完成的狀態會是有稠度的蛋黃液。
3. 再加入菠菜泥與煉乳攪拌均勻。02
4. 將過篩後的低筋麵粉一口氣倒入盆中，輕巧地拌勻。

B. 製作蛋白霜

5. 將蛋白放入無油無水的鋼盆中，以電動攪拌器中速→高速→中速的方式打發，並分三次加入砂糖，將蛋白霜打至彎鉤狀，完成的蛋白霜會相當細緻有光澤。

C. 混合

6. 取 1/3 蛋白霜混入蛋黃糊中，以打蛋器垂直攪拌後，再翻拌均勻，再倒回剩餘的蛋白霜中，以攪拌刮刀確實翻拌均勻。

E. 烘烤 & 脱模

7. 完成的蛋糕糊，倒入戚風模型中。將模型稍微提起，重放於桌面上以震出大氣泡，再以竹籤劃圈消除多餘的小氣泡。
8. 篩上帕馬森起司粉，再均勻鋪上高熔點起司丁。03 04

E. 烘烤

9. 用直烤法以 190℃ /140℃ 先烤 10 分鐘後，再轉 180℃ /140℃ 烤 18 分鐘，出爐後將蛋糕重敲倒扣至涼，完成脫模。

香料戚風

Spices Chiffon Cake

溫潤的味道是這款蛋糕最迷人的地方，
除了最喜歡的肉桂，還加入了帶著微刺激口感的豆蔻粉，
在冷冷的冬天～無論是搭配熱咖啡或是熱紅酒，
都是非常適切的午茶組合。如果偶爾想奢侈一下，
不妨再加上一球馬斯卡邦與楓糖漿，幸福感一定會更加倍唷！

製作 & 烘烤法

- 蛋黃麵糊：直接法
- 烘烤方式：直烤法
- 基礎戚風製作過程 請見 P.16。

工具

17cm 中空紙模

材料

蛋黃麵糊

材料	份量
低筋麵粉	55 克
玉米粉	10 克
牛奶	55 克
玄米油	35 克
蛋黃	70 克
肉桂粉	6 克
豆蔻粉	4 克
海鹽	1 小撮
楓糖漿	8 克

蛋白霜

材料	份量
蛋白	170 克
二砂糖	48 克

烘焙小重點

- 紙模受熱速度慢，緊貼烤盤底部容易上色，周圍很容易發生縮腰的情形，烘烤時可將底火烤溫提高及多墊一個烤盤改善。05
- 若家中烤溫無法分開調整，可於頂部呈現美麗的焦糖色後，蓋上鋁箔紙延緩上色。

預備動作
Before Baking

1. 低筋麵粉與玉米粉混合過篩兩次。
2. 預熱烤箱。
3. 蛋黃與蛋白分離備用。

做法
How To Make

A. 製作蛋黃麵糊

1. 將蛋黃與楓糖漿倒入鍋中混合，以直線來回的方式攪打。01
2. 加入液體油混合均勻後，再加入牛奶拌勻。最後將將過篩後的粉類一口氣倒入盆中，輕巧地拌勻。

B. 製作蛋白霜

3. 將蛋白放入無油無水的鋼盆中，以電動攪拌器中速→高速→中速的方式打發，並分三次加入二砂糖，將蛋白霜打至彎鉤狀，完成的蛋白霜會相當細緻有光澤。

C. 混合

4. 取 1/3 蛋白霜混入蛋黃糊中，以打蛋器垂直攪拌後，再翻拌均勻，再倒回剩餘的蛋白霜中，以攪拌刮刀確實翻拌均勻。

D. 入模

5. 完成的蛋糕糊，倒入戚風模型中。將模型稍微提起，重放於桌面上以震出大氣泡，再以竹籤劃圈消除多餘的小氣泡。

E. 烘烤

6. 用直烤法以 190℃ /150℃ 先烤 10 分鐘，再轉 180℃ /150℃ 烤 25 分鐘後出爐。

F. 脫模

7. 倒扣至完全涼後即可撕除紙模外圈。再輕壓蛋糕底部，即可分離底紙，中柱處是紙張材質，可輕鬆內壓，使蛋糕與模型分離即可抽出。02 03 04

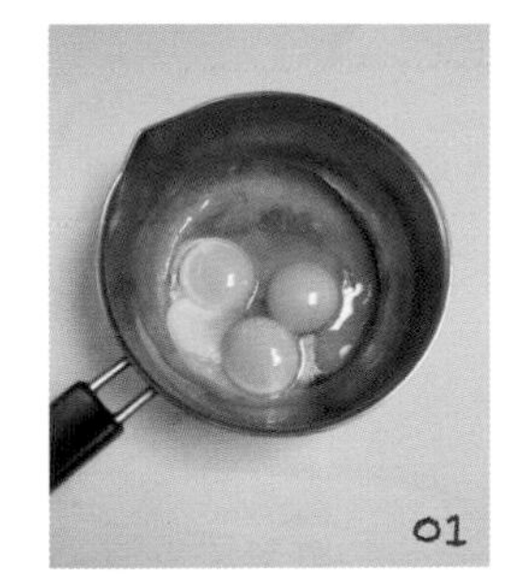
01

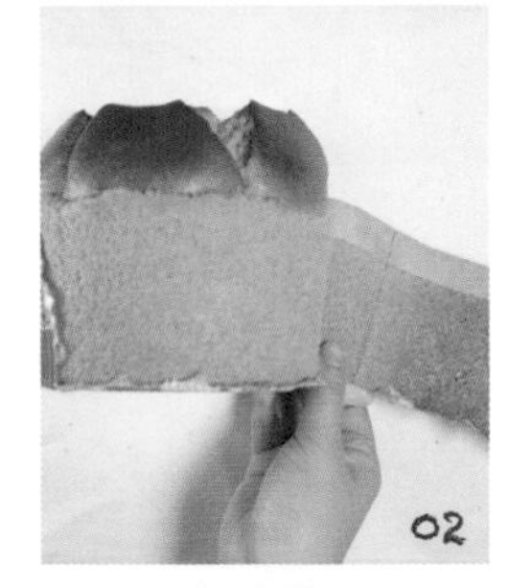
02

03

04

05

咖啡核桃戚風

Coffee Walnut Chiffon Cake

很喜歡咖啡的香氣，搭配烤過的核桃碎更是迷人，

欣賞自然脹裂的美，那麼，就在這個蛋糕上盡情演繹吧！

切片享用，口口都能品嘗到單純而直接的香氣，

閒暇的午後，來一片純樸的蛋糕，即是最美好的時光。

製作 & 烘烤法

- 蛋黃麵糊：燙麵法
- 烘烤方式：直烤法
- 基礎戚風製作過程請見 P.16。

工具

17cm 中空金屬模

材料

蛋黃麵糊

低筋麵粉	50 克
玄米油	30 克
蛋黃	55 克
即溶咖啡粉	10 克
調合用熱水	45 克

蛋白霜

蛋白	120 克
三溫糖	36 克

裝飾

核桃	25 克

烘焙小重點

- 將咖啡粉先以熱水調和，即可避免混合過程中不慎結塊。
- 撒上核桃的蛋糕，表面會有自然的裂痕，中途不須再以刀子劃線。

預備動作

Before Baking

1. 低筋麵粉過篩兩次，並預熱烤箱。
2. 蛋黃與蛋白分離備用。
3. 核桃以 150℃（上下火）略微烤 5 分鐘，並去除多餘的核桃皮，風味更佳。
4. 即溶咖啡粉與熱水調成咖啡液備用。

做法

How To Make

A. 製作蛋黃麵糊

1. 將玄米油倒入單柄湯鍋中，以小火加熱至出現油紋（約 10 秒）。
2. 將低筋麵粉倒入單柄湯鍋中，以打蛋器確實攪拌均勻成糊狀。
3. 再加入溫熱的咖啡液攪拌均勻。01
4. 一次加一顆蛋黃，拌勻後再加入下一顆，逐次將蛋黃加入攪勻，完成蛋黃糊。

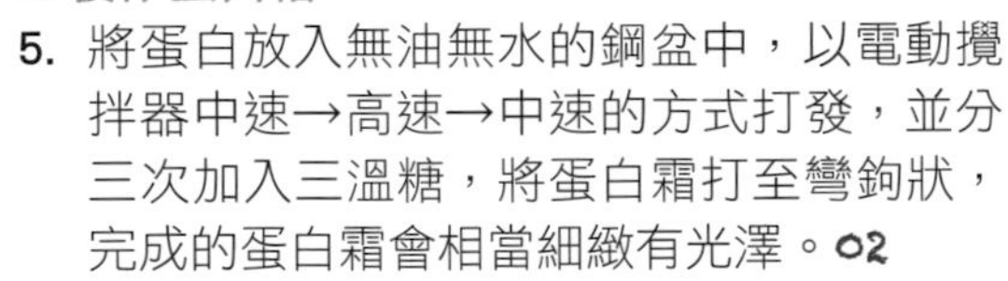

B. 製作蛋白霜

5. 將蛋白放入無油無水的鋼盆中，以電動攪拌器中速→高速→中速的方式打發，並分三次加入三溫糖，將蛋白霜打至彎鉤狀，完成的蛋白霜會相當細緻有光澤。02

C. 混合

6. 取 1/3 蛋白霜混入蛋黃糊中，以打蛋器垂直攪拌後，再翻拌均勻，再倒回剩餘的蛋白霜中，以攪拌刮刀確實翻拌均勻。03

D. 入模

7. 完成的蛋糕糊，倒入戚風模型。將模型稍微提起，重放於桌面上以震出大氣泡，再以竹籤劃圈消除多餘的小氣泡。入爐前可在蛋糕表面撒上核桃或其他堅果。04

E. 烘烤 & 脫模

8. 用直烤法以 190℃ /140℃先烤 10 分鐘後，再轉 180℃ /140℃ 烤 18 分鐘，出爐後將蛋糕重敲倒扣至涼，完成脫模。05

01

02

03

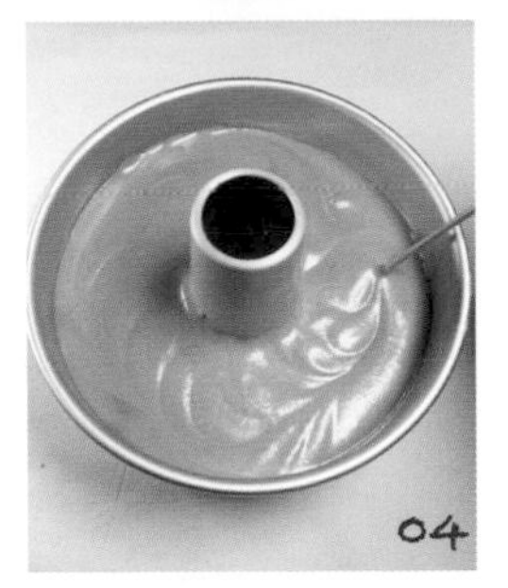

04

05

肉鬆戚風

Pork Floss Chiffon Cake

肉鬆幾乎是台灣人從小到大的國民配菜，
除了可以用來搭配清粥小菜，其實也可用於戚風蛋糕上
多了一些古早味，相信對於一些不嗜甜的朋友是很棒的伴手禮。

製作 & 烘烤法

- 蛋黃麵糊：燙麵法
- 烘烤方式：直烤法
- 基礎戚風製作過程請見 P.16。

工具

6 吋硬模

材料

蛋黃麵糊

低筋麵粉	50 克
溫水	35 克
煉乳	5 克
玄米油	32 克
蛋黃	55 克

蛋白霜

蛋白	120 克
砂糖	36 克

裝飾

肉鬆	14 克
白芝麻	少許
海苔絲	少許

烘焙小重點

- 由於表面需撒上肉鬆，所以可省略表面劃線步驟。
- 享用前可於頂部再撒上少許海苔絲或海苔粉，更能增添風味唷！

預備動作

Before Baking

1. 低筋麵粉過篩兩次。
2. 預熱烤箱。
3. 蛋黃與蛋白分離備用。

做法

How To Make

A. 製作蛋黃麵糊

1. 以 P.19 步驟 3 燙麵法製作蛋黃麵糊。01

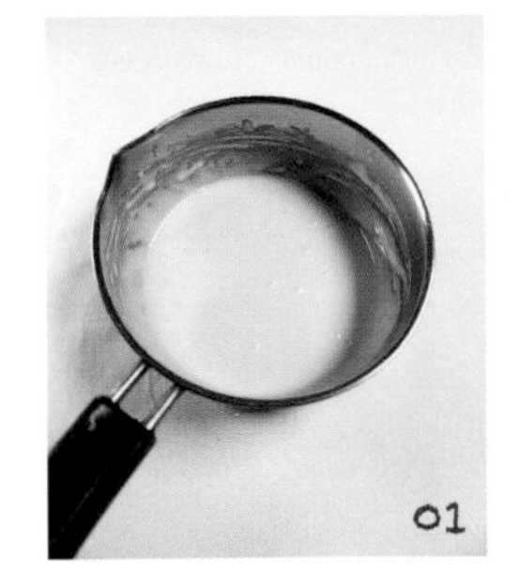

B. 製作蛋白霜

2. 將蛋白放入無油無水的鋼盆中，以電動攪拌器中速→高速→中速的方式打發，並分三次加入砂糖，將蛋白霜打至彎鉤狀，完成的蛋白霜會相當細緻有光澤。

C. 混合

3. 取 1/3 蛋白霜混入蛋黃糊中，以打蛋器垂直攪拌後，再翻拌均勻，再倒回剩餘的蛋白霜中，以攪拌刮刀確實翻拌均勻。02

D. 入模

4. 完成的蛋糕糊，倒入戚風模型中。將模型稍微提起，重放於桌面上以震出大氣泡，再以竹籤劃圈消除多餘的小氣泡
5. 入爐前於表面均勻撒上肉鬆與白芝麻，再依喜好擠上美乃滋。03

E. 烘烤 & 脫模

6. 用直烤法以 190℃ /140℃ 先烤 10 分鐘後，再轉 180℃ /140℃ 烤 18 分鐘，出爐後將蛋糕重敲倒扣至涼，完成脫模。04

Part4

吸睛的甜蜜戚風

即使只會做簡單的戚風蛋糕，
但偶爾還是想玩點不一樣的，
只要添加一點點趣味性，
就能讓整個蛋糕
上桌的氛圍完全不同。

清爽芝麻米戚風

Sesame Rice Chiffon Cake

除了常用的麵粉，其實還是有許多材料可以用於製作蛋糕。
有次為麩質過敏的朋友慶生，我就是使用家中常見的「蓬萊米粉」製作，
由於米粉沒有筋性，搭配低脂配方，完成的蛋糕體會更加輕盈爽口，
非常適合喜歡清爽口感的朋友享用唷！

製作 & 烘烤法

- 蛋黃麵糊：直接法
- 烘烤方式：直烤法
- 基礎戚風製作過程請見 P.16。

工具

17cm 中空模

材料

蛋黃麵糊

蓬萊米粉	60 克
溫水	15 克
無糖芝麻粉	9 克
煉乳	5 克
玄米油	20 克
蛋黃	55 克

蛋白霜

蛋白	120 克
砂糖	39 克

裝飾

動物性鮮奶油	40 克
砂糖	4 克
蘭姆酒	1 克

烘焙小重點

- 米粉製作的蛋黃糊容易有沉澱，請務必確認攪拌均勻。

預備動作
Before Baking

1. 蓬萊米粉先與芝麻粉一起過篩兩次。
2. 預熱烤箱。
3. 蛋黃與蛋白分離備用。
4. 動物性鮮奶油與糖一起打發（見 P.142），再加入蘭姆酒拌勻，冷藏備用。

做法
How To Make

A. 製作蛋黃麵糊

1. 將蛋黃與液體油一起放入小鍋中。
2. 以直線攪拌的方式快速混和均勻，完成的狀態會是有稠度的蛋黃液。
3. 再加入溫水與煉乳攪拌均勻。
4. 將過篩後的粉類一口氣倒入鍋中，先以圓圈式拌入周圍粉料，再以井字狀混合。01

B. 製作蛋白霜

5. 將蛋白放入無油無水的鋼盆中，以電動攪拌器中速→高速→中速的方式打發，並分三次加入砂糖，將蛋白霜打至彎鉤狀。

C. 混合

6. 取 1/3 蛋白霜混入蛋黃糊中，以打蛋器垂直攪拌後，再翻拌均勻，再倒回剩餘的蛋白霜中，以攪拌刮刀確實翻拌均勻。

D. 入模

7. 完成的蛋糕糊，倒入戚風模型中。將模型稍微提起，重放於桌面上以震出大氣泡，再以竹籤劃圈消除多餘的小氣泡。02

E. 烘烤 & 脫模

8. 用直烤法以 190℃ /140℃ 先烤 10 分鐘後，再轉 180℃ /140℃ 烤 18 分鐘，出爐後將蛋糕重敲倒扣至涼，完成脫模。03

G 裝飾

9. 挖取鮮奶油，以湯匙抹開即可。04 05

抹茶戚風

Matcha Chiffon Cake

我是標準的抹茶狂熱，這次選用的是日本抹茶來製作蛋糕，
微微的茶香襯著粒粒分明的蜜紅豆，讓味蕾彷彿正上演著京都之旅。
須特別注意的是，沖泡用的抹茶並不耐高溫，也因此不建議用於烘焙。

製作 & 烘烤法

- 蛋黃麵糊：燙麵法
- 烘烤方式：直烤法
- 基礎戚風製作過程請見 P.16。

工具

17cm 中空金屬模

材料

蛋黃麵糊

低筋麵粉	50 克
玄米油	30 克
抹茶粉	7 克
調合用熱水	14 克
牛奶	45 克
蛋黃	53 克

蛋白霜

蛋白	120 克
砂糖	36 克

抹茶鮮奶油

動物性鮮奶油	160 克
二砂糖	16 克
抹茶粉	12 克

蜜紅豆

紅豆	130 克
二砂糖	95 克
水	220 克
鹽	0.8 克

烘焙小重點

- 抹茶先以熱水調和，可以減少結塊的疑慮。

預備動作

Before Baking

1. 低筋麵粉過篩兩次。
2. 預熱烤箱。
3. 蛋黃與蛋白分離備用。
4. 動物性鮮奶油與糖一起打發（見 P.142），再拌入抹茶粉冷藏備用。
5. 抹茶與熱水調和備用。
6. 製作蜜紅豆（見 P.144）。

做法

How To Make

A. 製作蛋黃麵糊

1. 以 P.19 步驟 3 燙麵法製作蛋黃麵糊。01

B. 製作蛋白霜

2. 將蛋白放入無油無水的鋼盆中，以電動攪拌器中速→高速→中速的方式打發，並分三次加入砂糖，將蛋白霜打至彎鉤狀，完成的蛋白霜會相當細緻有光澤。

C. 混合

3. 取 1/3 蛋白霜混入蛋黃糊中，以打蛋器垂直攪拌後，再翻拌均勻，再倒回剩餘的蛋白霜中，以攪拌刮刀確實翻拌均勻。02

D. 入模

4. 完成的蛋糕糊，倒入戚風模型中。將模型稍微提起，重放於桌面上以震出大氣泡，再以竹籤劃圈消除多餘的小氣泡。03

E. 烘烤 & 脫模

5. 用直烤法以 190℃ /140℃ 先烤 10 分鐘後，再轉 180℃ /140℃ 烤 18 分鐘，出爐後將蛋糕重敲倒扣至涼，完成脫模。04

F. 裝飾

6. 將預先打發的抹茶鮮奶油淋於蛋糕上，並撒上適量蜜紅豆裝飾即可享用。

01

02

03

04

紅玉戚風

Ruby Black Tea Chiffon Cake

非常喜歡紅玉紅茶的香氣，喝完齒頰留香的感覺好讓人著迷。
特別將這款茶葉打碎成茶粉，細細地融入戚風蛋糕中，成為最佳的下午茶點，
表面是一層薄薄的動物性鮮奶油，不僅能增加蛋糕體的濕潤度，
還能讓蛋糕多些裝飾變化，值得試試看！

製作 & 烘烤法

- 蛋黃麵糊：燙麵法
- 烘烤方式：直烤法
- 基礎戚風製作過程請見 P.16。

工具

6 吋硬模

材料

蛋黃麵糊

低筋麵粉	50 克
紅玉茶葉粉	8 克
熱水	50 克
玄米油	30 克
蛋黃	55 克

蛋白霜

蛋白	120 克
砂糖	36 克

裝飾

動物性鮮奶油	70 克
砂糖	7 克
紅玉茶葉粉	適量

烘焙小重點

- 茶葉浸泡的時間至少要 2 小時以上，並混入泡開的茶渣，烘烤後的風味會更明顯。

預備動作
Before Baking

1. 低筋麵粉過篩兩次。
2. 預熱烤箱。
3. 蛋黃與蛋白分離備用。
4. 紅玉茶葉粉與熱水泡開，放置微溫，取 40 克備用。
5. 動物性鮮奶油與糖一起打發（見 P.142）冷藏備用。

做法
How To Make

A. 製作蛋黃麵糊

1. 以 P.19 步驟 3 燙麵法製作蛋黃麵糊。待低筋麵粉攪成糊狀後，加入茶汁與浸泡後的茶渣攪勻後，再加入蛋黃拌勻。01

B. 製作蛋白霜

2. 將蛋白放入無油無水的鋼盆中，以電動攪拌器中速→高速→中速的方式打發，並分三次加入砂糖，將蛋白霜打至彎鉤狀，完成的蛋白霜會相當細緻有光澤。

C. 混合

3. 取 1/3 蛋白霜混入蛋黃糊中，以打蛋器垂直攪拌後，再翻拌均勻，再倒回剩餘的蛋白霜中，以攪拌刮刀確實翻拌均勻。

D. 入模

4. 完成的蛋糕糊，倒入戚風模型中。將模型稍微提起，重放於桌面上以震出大氣泡，再以竹籤劃圈消除多餘的小氣泡。

E. 烘烤 & 脫模

5. 用直烤法以 190℃ /140℃ 先烤 10 分鐘後，再轉 180℃ /140℃ 烤 18 分鐘，出爐後將蛋糕重敲倒扣至涼，完成脫模。

G 裝飾

6. 蛋糕表面抹上動物性鮮奶油，並放上篩版，撒上紅玉茶葉粉即完成。02 03 04 05

01

02

03

04

05

炙燒蜂蜜乳酪戚風

Baked Honey Cheese Chiffon Cake

想像香甜的蜂蜜與滑順香濃的乳酪醬交織，襯著綿密細緻的戚風蛋糕，
這樣鹹中帶甜的好滋味實在使人難忘。
食譜特別使用五吋的配方以降低蛋糕體的高度，
使蜂蜜蛋糕與乳酪層的比例能更加相襯，
希望你也會喜歡這款在我們家點播率極高的蛋糕。

製作 & 烘烤法

- 蛋黃麵糊：燙麵法
- 烘烤方式：直烤法
- 基礎戚風製作過程請見 P.16。

工具

6 吋硬膜 1 個

材料

蛋黃麵糊

低筋麵粉	29 克
玉米粉	5 克
玄米油	22 克
牛奶	20 克
蜂蜜	15 克
蛋黃	38 克

蛋白霜

蛋白	85 克
砂糖	24 克
海鹽	0.5 克

蜂蜜起司醬

切達起司	2 片
動物性鮮奶油	20 克
牛奶	10 克
無鹽奶油	10 克
海鹽	0.5 克
蜂蜜	15 克

烘焙小重點

- 冷凍後蛋糕組織穩定，較不會因起司醬的重量而變形。

預備動作

Before Baking

1. 低筋麵粉與玉米粉混合後過篩兩次。
2. 預熱烤箱。
3. 蛋黃與蛋白分離備用。

做法

How To Make

A. 製作蛋黃麵糊

1. 以 P.19 步驟 3 燙麵法製作蛋黃麵糊。待低粉攪成糊狀後，加入牛奶拌勻後，續加入蜂蜜拌勻，再加入蛋黃拌勻。01

B. 製作蛋白霜

2. 將蛋白放入無油無水的鋼盆中，以電動攪拌器中速→高速→中速的方式打發，並分三次加入砂糖與海鹽，將蛋白霜打至彎鉤狀，完成的蛋白霜會相當細緻有光澤。

C. 混合

3. 取 1/3 蛋白霜混入蛋黃糊中，以打蛋器垂直攪拌後，再翻拌均勻，再倒回剩餘的蛋白霜中，以攪拌刮刀確實翻拌均勻。

D. 入模

4. 完成的蛋糕糊，倒入戚風模型中。將模型稍微提起，重放於桌面上以震出大氣泡，再以竹籤劃圈消除多餘的小氣泡。

E. 烘烤 & 脫模

5. 以直烤法 190℃ /140℃ 先烤 10 分鐘後，再轉 180℃ /140℃ 烤 15 分鐘，出爐後將蛋糕重敲倒扣至涼，完成脫模，並以保鮮膜密封，放入冷凍備用。02

F. 裝飾

6. 將蜂蜜起司醬所有材料融化混和為濃稠狀。將蛋糕自冷凍庫取出，抹上起司醬，以 230℃ /0℃ 烘烤 5 ～ 6 分鐘完成。03 04 05

01

02

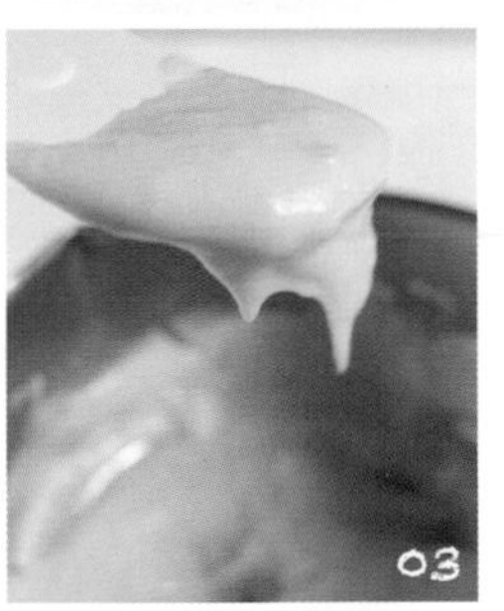
03

04

05

南瓜戚風

Pumpkin Chiffon Cake

很喜歡萬聖節的神祕氣氛，
每年的這個時候，超市裡也會陳列上大大小小的各式南瓜
這次選了可愛造型的栗子南瓜，將炒香後的南瓜再加入蛋糕中，
吃起來很有幸福感呢！

製作 & 烘烤法

- 蛋黃麵糊：燙麵法
- 烘烤方式：烘蒸法
- 基礎戚風製作過程請見 P.16。

工具

17cm 中空模

材料

蛋黃麵糊

低筋麵粉	50 克
蜂蜜	5 克
牛奶	35 克
玄米油	30 克
蛋黃	53 克
南瓜泥	25 克

蛋白霜

蛋白	120 克
砂糖	39 克

其他

南瓜丁	60 克
竹炭粉	少許

烘焙小重點

- 想要做造型變化，可在烤模內壁先畫上圖案並且預烤。要注意的是，但若是圖案太厚，烘烤的時間會延長之外，圖案也會有擴張變形的狀況。

預備動作
Before Baking

1. 低筋麵粉過篩兩次。
2. 預熱烤箱。
3. 蛋黃與蛋白分離備用。
4. 南瓜丁先炒至半熟，放涼後表面撒上一層薄薄的低筋麵粉備用。01

做法
How To Make

A. 製作蛋黃麵糊

1. 將玄米油倒入單柄湯鍋中，以小火加熱至出現油紋（約 10 秒）。
2. 將低筋麵粉倒入鍋中，拌勻成糊狀。
3. 加入牛奶與南瓜泥拌勻，續加入蜂蜜拌勻。
4. 一次加一顆蛋黃，拌勻後再加入下一顆，逐次將所有蛋黃加入攪勻，完成蛋黃糊。

B. 製作蛋白霜

5. 將蛋白放入無油無水的鋼盆中，以電動攪拌器中速→高速→中速的方式打發，並分三次加入砂糖，將蛋白霜打至彎鉤狀，完成的蛋白霜會相當細緻有光澤。

C. 混合

6. 取 1/3 蛋白霜混入蛋黃糊中，以打蛋器垂直攪拌後，再翻拌均勻，再倒回剩餘的蛋白霜中，以攪拌刮刀確實翻拌均勻。
7. 完成的蛋糕糊，取少許加入竹炭粉以擠花袋畫出一層薄薄的萬聖節圖樣，先放入烤箱預烤 1 分鐘。02

D. 入模

8. 完成的蛋糕糊，倒入戚風模型中。撒上南瓜丁，模型稍微提起，重放於桌面上以震出大氣泡。03

E. 烘烤 & 脫模

9. 用烘蒸法以 190℃ /140℃先烤 10 分鐘後，再轉 180℃ /140℃烤 23 分鐘，出爐後將蛋糕重敲倒扣至涼，完成脫模。04

01

02

03

04

粉紅豹威風

Pink Panther Chiffon Cake

迷人的動物紋搭配粉紅色，
這根本就是要讓人噴發少女心的啊！
烘蒸法的水氣可以很輕易的延緩蛋糕上色，
非常適合用於製作這種粉嫩色系的蛋糕體，
不需要額外添加裝飾，本身就是餐桌上非常搶眼的嬌點呢！

製作 & 烘烤法

- 蛋黃麵糊：直接法
- 烘烤方式：烘蒸法
- 基礎戚風製作過程請見 P.16。

工具

6 吋硬模

材料

蛋黃麵糊

低筋麵粉	50 克
玄米油	36 克
蛋黃	53 克
牛奶	40 克
煉乳	5 克
紅麴粉	0.5 克

蛋白霜

蛋白	120 克
砂糖	39 克

裝飾

紅麴粉	少許
無糖可可粉	少許

預備動作

Before Baking

1. 低筋麵粉過篩兩次。
2. 預熱烤箱。
3. 蛋黃與蛋白分離備用。
4. 紅麴粉先加入少許熱水調成糊狀備用。

做法

How To Make

A. 製作蛋黃麵糊

1. 將液體油與蛋黃糊放入鍋中，直線攪打，再加入牛奶與煉乳混合均勻。
2. 加入過篩後的麵粉攪拌均勻。
3. 再加入已經調成糊狀的紅麴粉攪拌均勻。

B. 製作蛋白霜

4. 將蛋白放入無油無水的鋼盆中，以電動攪拌器中速→高速→中速的方式打發，並分三次加入砂糖，將蛋白霜打至彎鉤狀，完成的蛋白霜會相當細緻有光澤。

C. 混合

5. 取 1/3 蛋白霜混入蛋黃糊中，以打蛋器垂直攪拌後，再翻拌均勻，再倒回剩餘的蛋白霜中，以攪拌刮刀確實翻拌均勻。
6. 完成的蛋糕糊，取少許分別混入紅麴粉與可可粉，並分別裝入擠花袋中。
7. 於硬膜內先擠入紅麴糊做為豹紋斑點，於紅麴斑點邊緣擠上可可糊，將模型先放入烤箱中烘烤 1 分鐘。01 02

D. 入模

8. 蛋糕糊倒入戚風模型中，將模型稍微提起，重放於桌面上以震出大氣泡。03

Tips

若有多餘的蛋糕糊，亦可擠於蛋糕表面。04

E. 烘烤 & 脫模

9. 用烘蒸法以 190℃ /140℃ 先烤 10 分鐘後，再轉 180℃ /140℃ 烤 23 分鐘，出爐後將蛋糕重敲倒扣至涼，完成脫模。

01

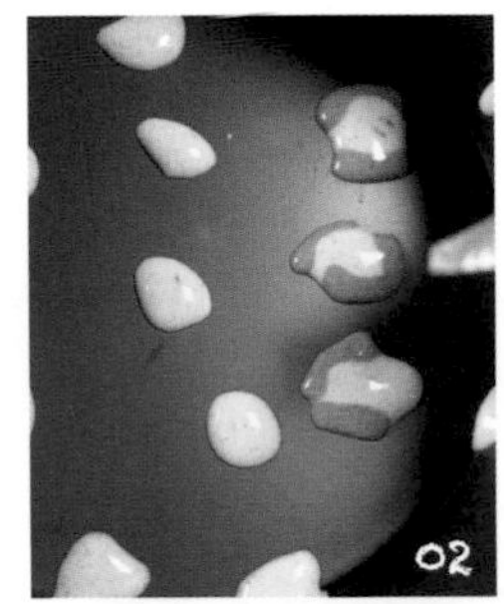

02

03

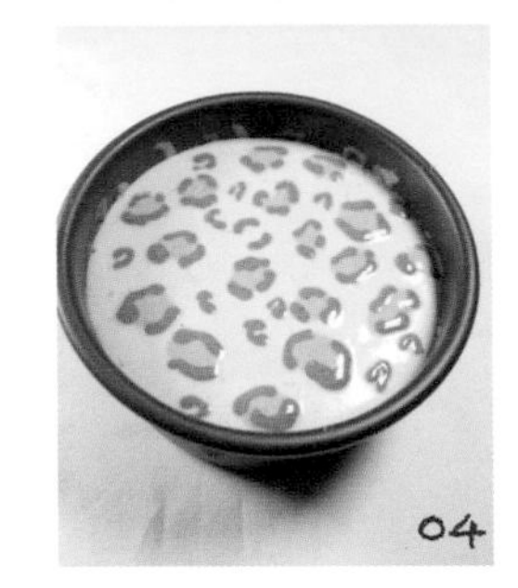

04

可愛熊戚風

Cute Bear Chiffon Cake

已經忘了是什麼時候開始，
意外發現我們家的戚風口味竟連小朋友也非常喜歡，
不久後便開始常幫朋友家的寶貝製作慶生蛋糕，
除了動物造型可以完全吸引大家目光之外，小小的四吋蛋糕，不甜膩無色素，
讓小壽星也能享受獨自吃掉一個蛋糕的專屬快感。

製作 & 烘烤法

- 蛋黃麵糊：直接法
- 烘烤方式：烘蒸法
- 基礎戚風製作過程請見 P.16。

工具

4 吋陽極模 2 個

材料

蛋黃麵糊

低筋麵粉	60 克
牛奶	40 克
蜂蜜	10 克
玄米油	36 克
蛋黃	80 克
即溶咖啡粉	2.8 克
紅麴粉	少許

蛋白霜

蛋白	160 克
砂糖	52 克

裝飾

動物性鮮奶油	70 克
糖	7 克
白巧克力	適量
竹炭粉	少許

預備動作

Before Baking

1. 低筋麵粉過篩兩次。
2. 預熱烤箱。
3. 先將蛋黃與蛋白分離備用。
4. 咖啡粉與紅麴粉分別先以少許熱水調成糊狀備用。
5. 自製生日帽模型：以厚紙版製作捲筒，內層墊上烘焙用白報紙，就可以當成可愛熊帽的模型。01 02 03
6. 動物性鮮奶油加糖打發（請見P.142），放冷藏備用。

01

02

03

01

02

03

04

05

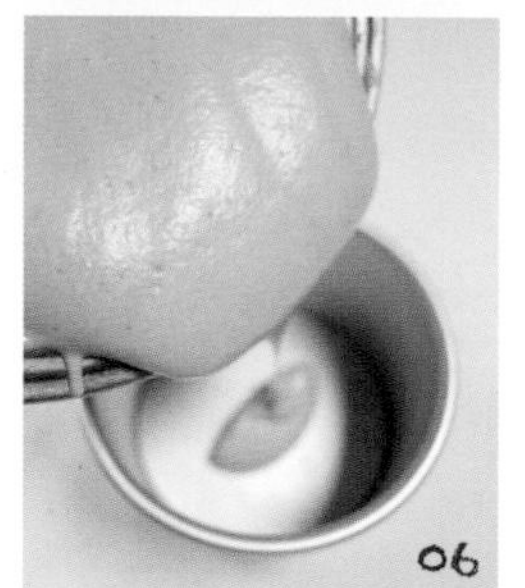
06

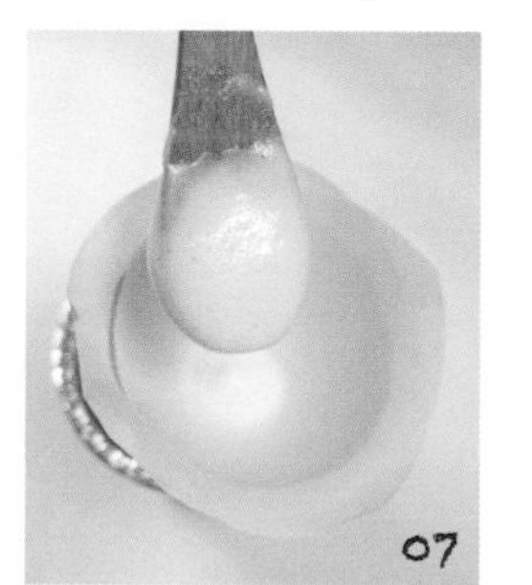
07

08

做法
How To Make

A. 製作蛋黃麵糊

1. 將蛋黃與液體油一起放入小鍋中，以打蛋器快速攪拌均匀。
2. 加入牛奶與蜂蜜混合後，將低筋麵粉一口氣倒入鍋中，先以圓圈式拌入周圍粉料，再以井字狀混合，即完成蛋黃糊。
3. 完成的蛋黃糊分為兩份，其中一份約 111 克，混入咖啡糊攪拌均匀，另外一份保留原味。01

B. 製作蛋白霜

4. 將蛋白放入無油無水的鋼盆中，以電動攪拌器中速→高速→中速的方式打發，並分三次加入砂糖，將蛋白霜打至硬挺，完成的蛋白霜會相當細緻有光澤。02

C. 混合

5. 將蛋白霜分成兩份，各取 1/3 的蛋白霜加入兩種口味的蛋黃糊中混合均匀，再倒回剩餘的蛋白霜中，同樣先以打蛋器垂直攪拌，再進行翻拌，最後以刮刀確實翻拌均匀。03 04
6. 取一大湯匙的原味蛋糕糊，混入紅麴糊攪勻備用，再以原味麵糊畫出可愛熊的鼻子，並放入烤箱中烘烤 1 分鐘後取出，再倒入剩餘的咖啡蛋糕糊。05 06

7. 將剛剛的粉紅色麵糊與原味麵糊依序交錯舀入生日帽模型中。07 08

Tips

剩餘的麵糊可隨意發揮製作成喜歡的動物或造型。

D. 烘烤 & 脱膜

8. 於淺烤盤上架烤網，烤盤內倒入 160 克的冷水。用烘蒸法以 190℃ /140℃ 先烤 10 分鐘後，再轉 180℃ /140℃ 烤 23 分鐘，出爐後將蛋糕重敲倒扣至涼，完成脱模。09
9. 生日帽模型下方可以紙杯輔助固定，方便置於烤箱中。10

E. 裝飾

10. 準備擠花袋、花嘴、刮刀與打發好的鮮奶油等裝飾器材。11
11. 削平戚風蛋糕頂部，多餘蛋糕體以花嘴壓出圓片作為耳朵。12 13
12. 將白巧克力以隔水加熱融化，部分混合竹炭粉。沾取少許融化的白巧克力及竹炭巧克力，畫出熊的五官與耳朵。14
13. 將打發的動物性鮮奶油填入擠花袋中。15
14. 沾取少許融化巧克力，輕巧地將五官與耳朵組裝於蛋糕上，於蛋糕邊緣擠上動物性鮮奶油裝飾即完成。16

Tips

了解生日帽製模方式，就可以輕鬆的做出不同模型設計蛋糕造型。利用融化的巧克力也是為造型加分的好方法唷！

喵咪戚風

kitten Chiffon Cake

總是幻想著可以生活在一個充滿貓的家，
在這個願望實現以前，我想～先用喵咪戚風來滿足一下自己吧！
搭配了芝麻與咖啡粉，製造花紋喵的感覺，除了斑紋的位置可以即興發揮，
還可以變換其他口味的粉類來完成其他樣貌的喵咪唷！

製作 & 烘烤法
- 蛋黃麵糊：直接法
- 烘烤方式：烘蒸法
- 基礎戚風製作過程請見 P.16。

工具

14cm 加高中空模

材料

蛋黃麵糊

低筋麵粉	50 克
牛奶	40 克
煉乳	5 克
玄米油	36 克
蛋黃	53 克

蛋白霜

蛋白	120 克
砂糖	39 克

斑點用

即溶咖啡粉	少許
無糖芝麻粉	少許

烘焙小重點
- 若仍有多餘的蛋糕糊，亦可擠於模型上，作為其他部位的斑點。

預備動作
Before Baking

1. 低筋麵粉過篩兩次。
2. 預熱烤箱。
3. 蛋黃與蛋白分離備用。

做法
How To Make

A. 製作蛋黃麵糊

1. 依 P.18 步驟 3 直接法完成蛋黃麵糊。

B. 製作蛋白霜

2. 依 P.18 步驟 4 將蛋白霜打至硬挺狀。

C. 混合

3. 取 1/3 蛋白霜混入蛋黃糊中，以打蛋器垂直攪拌後，再翻拌均勻，再倒回剩餘的蛋白霜中，以攪拌刮刀確實翻拌均勻。
4. 將完成的蛋糕糊，各舀 2 大湯匙於 2 個大碗中，分別混入芝麻粉與咖啡粉攪勻。01

D. 入模

5. 將芝麻蛋糕糊與咖啡蛋糕糊分別以湯匙舀入模型中，位置分配可隨自己喜好搭配，並放入烤箱中烘烤 1 分鐘出爐後，再倒入剩餘的原味蛋糕糊。02

E. 烘烤 & 脫模

6. 用烘蒸法以 190℃ /140℃ 先烤 10 分鐘後，再轉 180℃ /140℃ 烤 23 分鐘，出爐後將蛋糕重敲倒扣至涼，完成脫模。03

F. 裝飾

7. 以隔水加熱的方式融化白巧克力，並取少量混入咖啡粉、芝麻粉、竹炭粉與紅麴粉。
8. 運用湯匙於烘焙紙上畫出兩只不同顏色的貓耳，待乾後，內部塗上紅麴巧克力。另以竹炭巧克力畫出喵咪五官組裝於蛋糕上。04 05

01

02

03

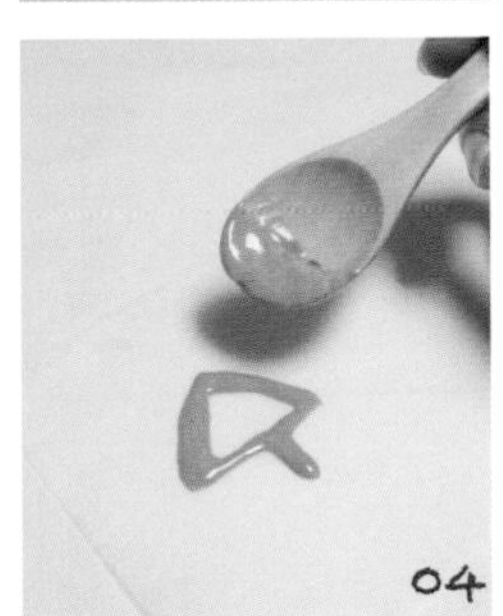
04

05

黑糖全麥戚風

Brown Sugar Chiffon Cake with Whole wheat flour

曾試過運用其他粉類製作蛋糕嗎？坦白說，第一次製作這款蛋糕，
單純是為了消耗即期全粒粉，想不到這款蛋糕水潤軟 Q 的風味，
讓家人一試成主顧，維持戚風蛋糕一貫的彈性，
更多了輕盈的口感。搭配我最愛的黑糖蜜，香氣更是迷人了！

製作 & 烘烤法

- 蛋黃麵糊：燙麵法
- 烘烤方式：直烤法
- 基礎戚風製作過程請見 P.16。

工具

14cm 中空加高金屬模
韓國花嘴 124K

材料

蛋黃麵糊

低筋麵粉	35 克
全粒粉	15 克
玄米油	30 克
牛奶	45 克
自製黑糖蜜	5 克
蛋黃	53 克

蛋白霜

蛋白	120 克
黑糖	36 克
檸檬汁	4 克

裝飾

動物性鮮奶油	70 克
砂糖	7 克
核桃	適量

烘焙小重點

- 全粒粉是以整粒小麥磨成，仍保有胚芽、麩皮較細。保存時效短，拆封後需冷藏保存。

預備動作
Before Baking

1. 低筋麵粉與全粒粉一起過篩兩次，並預熱烤箱。
2. 蛋黃與蛋白分離備用。
3. 製作黑糖蜜：黑糖與水以 2 ： 1 比例混合後，直接以小火加熱至稠即可離火備用。
4. 動物性鮮奶油與糖一起打發（見 P.142），冷藏備用。
5. 核桃以 150℃烘烤 5 ～ 6 分鐘，放涼備用。

做法
How To Make

A. 製作蛋黃麵糊

1. 以 P. 19 步驟 3 燙麵法製作蛋黃麵糊。

B. 製作蛋白霜

2. 將蛋白放入無油無水的鋼盆中，以電動攪拌器中速→高速→中速的方式打發，並分三次加入黑糖，最後一次加糖時加入檸檬汁。將蛋白霜打至彎鉤狀。01

C. 混合

3. 取 1/3 蛋白霜混入蛋黃糊中，以打蛋器垂直攪拌後，再翻拌均勻，再倒回剩餘的蛋白霜中，以攪拌刮刀確實翻拌均勻。02

D. 入模

5. 完成的蛋糕糊，倒入戚風模型中。將模型稍微提起，重放於桌面上以震出大氣泡，再以竹籤劃圈消除多餘的小氣泡。03

E. 烘烤 & 脫模

6. 用直烤法以 190℃ /140℃先烤 10 分鐘後，再轉 180℃ /140℃烤 18 分鐘，出爐後將蛋糕重敲倒扣至涼，完成脫模。

F. 裝飾

7. 在蛋糕表面抹上薄薄的打發動物性鮮奶油，鋪上烤香的核桃碎，再將打發的動鮮放入擠花袋，裱出花瓣模樣即可。04

01

02

03

04

For Y♥U

Part5

送禮的華麗威風

在這樣的時刻、那樣的日子，
有時總會想著，來烤個蛋糕吧！
學會簡易裝飾後，
你也可以再更進一步地嘗試看看
難度稍高一些的樣式唷！

黑爵騎士

Chiffon Cake for Father's Day

為家人製作蛋糕是我最喜歡的事，
但若對象是彷彿夜色一般讓人看不透的爸爸，卻是讓我有些傷腦筋。
承諾捨棄花俏的裝飾，以沉穩的外表做為象徵，
悄悄藏入只有切開才看得見的祕密夾餡，
畢竟這位鐵漢子柔軟又悶騷的內心只有我們家的人才知道！

製作 & 烘烤法

- 蛋黃麵糊：燙麵法
- 烘烤方式：直烤法
- 基礎戚風製作過程請見 P.16。

工具

17cm 中空模
泡芙花嘴
12 齒花嘴

材料

蛋黃麵糊

低筋麵粉	50 克
竹炭粉	4 克
即溶無糖咖啡粉	5 克
牛奶	45 克
玄米油	30 克
蛋黃	55 克

蛋白霜

蛋白	120 克
砂糖	36 克

裝飾 & 內餡

焦糖鮮奶油	210 克

其他

裝飾旗	數根

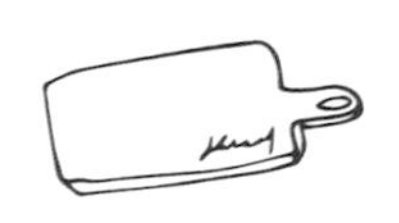

預備動作

Before Baking

1. 低筋麵粉、咖啡粉與竹炭粉過篩兩次。
2. 預熱烤箱，蛋黃與蛋白分離備用。
3. 動物性鮮奶油與糖打發（見 P.142）。
4. 製作太妃糖鮮奶油（見 P.147）備用。

做法

How To Make

A. 製作蛋黃麵糊

1. 依 P.19 步驟 3 燙麵法完成蛋黃麵糊。

B. 製作蛋白霜

2. 將蛋白放入無油無水的鋼盆中，以電動攪拌器中速→高速→中速的方式打發，並分三次加入砂糖。將蛋白霜打至彎鉤狀，完成的蛋白霜會相當細緻有光澤。

C. 混合

3. 取 1/3 蛋白霜混入蛋黃糊中，以打蛋器垂直攪拌後，再翻拌均勻，再倒回剩餘的蛋白霜中，以攪拌刮刀確實翻拌均勻。

D. 入模

4. 完成的蛋糕糊，倒入戚風模型中。將模型稍微提起，重放於桌面上以震出大氣泡，再以竹籤劃圈消除多餘的小氣泡。

E. 烘烤 & 脫模

5. 用直烤法以 190℃ /140℃先烤 10 分鐘後，再轉 180℃ /140℃烤 18 分鐘，出爐後將蛋糕重敲倒扣至涼，完成脫模。01

F. 裝飾

7. 蛋糕脫模後，以筷子於上方戳出 6 個小孔。搭配泡芙花嘴，將太妃糖鮮奶油裝入擠花袋，填入蛋糕小孔中。02 03
8. 換上 12 齒花嘴，在蛋糕上擠出花朵裝飾，再插上裝飾旗即可。04

01

02

03

04

特濃芝麻威風

Sesame Chiffon Cake

運用動物性鮮奶油的流動特性，搭配芝麻粉與竹炭粉的天然色彩，
就能碰撞出讓人如此驚艷的花紋。
這款彷彿潑墨山水畫般的蛋糕，低調奢華的外表，
嘗起來是滿滿的芝麻香，你怎能不愛上它！

製作 & 烘烤法

- 蛋黃麵糊：燙麵法
- 烘烤方式：直烤法
- 基礎戚風製作過程請見 P.16。

工具

17cm 中空金屬模

材料

蛋黃麵糊

低筋麵粉	50 克
玄米油	30 克
純榨芝麻醬（含油）	20 克
芝麻粉	8 克
牛奶	50 克
蛋黃	53 克

蛋白霜

蛋白	120 克
砂糖	36 克
檸檬汁	4 克

裝飾

動物性鮮奶油	130 克
砂糖	13 克
竹炭粉	適量
純榨芝麻醬（含油）	15 ～ 20 克

預備動作
Before Baking

1. 低筋麵粉與芝麻粉過篩兩次。
2. 預熱烤箱。
3. 蛋黃與蛋白分離備用。

做法
How To Make

A. 製作蛋黃麵糊

1. 將玄米油倒入單柄湯鍋中，以小火加熱至出現油紋（約 10 秒）。
2. 將低筋麵粉倒入單柄湯鍋中，以打蛋器確實攪拌均勻成糊狀。
3. 再加入芝麻醬、牛奶與芝麻粉攪拌均勻。01
4. 一次加一顆蛋黃，拌勻後再加入下一顆，逐次將所有蛋黃加入攪拌均勻，完成蛋黃麵糊。02

B. 製作蛋白霜

5. 將蛋白放入無油無水的鋼盆中，以電動攪拌器中速→高速→中速的方式打發，並分三次加入砂糖與檸檬汁，將蛋白霜打至彎鉤狀，完成的蛋白霜會相當細緻有光澤。03

C. 混合

6. 取 1/3 蛋白霜混入蛋黃糊中，以打蛋器垂直攪拌後，再翻拌均勻，再倒回剩餘的蛋白霜中，以攪拌刮刀確實翻拌均勻。

D. 入模

7. 完成的蛋糕糊，倒入戚風模型中。將模型稍微提起，重放於桌面上以震出大氣泡，再以竹籤劃圈消除多餘的小氣泡。04

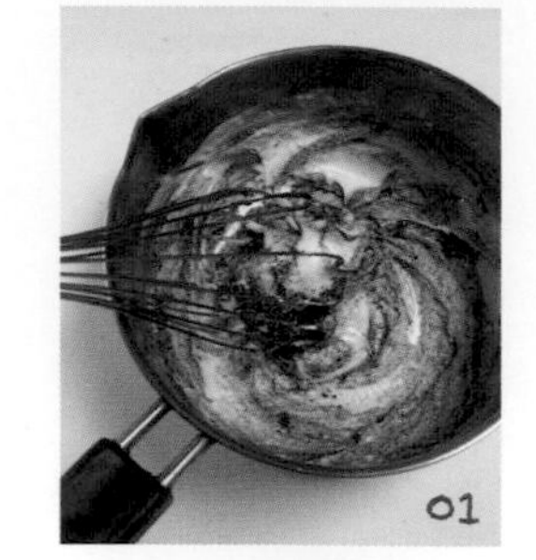
01

02

03

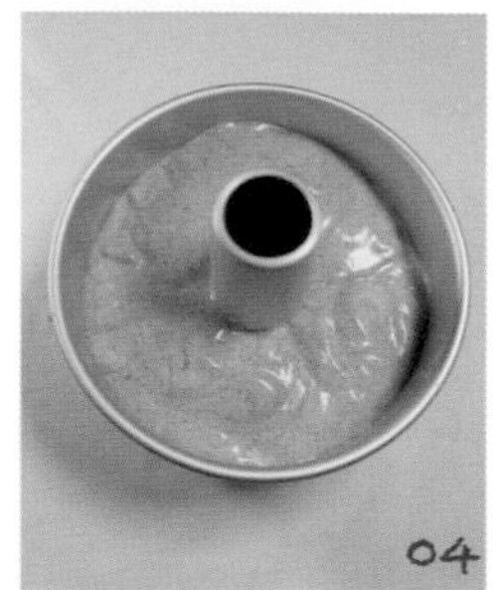
04

E. 烘烤 & 脫模

8. 用直烤法以 190℃ /140℃ 先烤 10 分鐘後，再轉 180℃ /140℃ 烤 18 分鐘，出爐後將蛋糕重敲倒扣至涼，完成脫模。

G. 裝飾

9. 動物性鮮奶油加入糖，以電動攪拌器低速打發，使鮮奶油稠度提升，但仍維持流動性即可。05

Tips

夏天氣溫高，可墊保冰劑於鋼盆下方。

10. 芝麻醬先與竹炭粉混和。加入 40 克的打發鮮油，混合均勻。06
11. 將黑白兩色鮮奶油倒入杯中混合。07

Tips

為保持大理石花紋，建議不要混拌太多次。

12. 沿著蛋糕繞圈淋上。08

05

06

07

08

秋日栗地瓜戚風

Chestnut Sweet Potato Chiffon Cake

秋天是栗子與地瓜最甜美的季節，
我始終相信選用當季的食材是美味的第一步。因此每年的這個時候經過超市，
只要看見栗子地瓜，我一定第一個放進購物籃！這種地瓜外形偏細，
有著亮眼的紫紅色薄皮，微甜Q彈的滋味總讓我難以忘懷。

製作 & 烘烤法

- 蛋黃麵糊：直接法
- 烘烤方式：直烤法
- 基礎戚風製作過程請見 P.16。

工具

14cm 加高中空模

材料

蛋黃麵糊

低筋麵粉	50 克
栗香地瓜	50 克
牛奶	40 克
砂糖	5 克
玄米油	36 克
蛋黃	53 克

蛋白霜

蛋白	120 克
砂糖	39 克

裝飾

糖煮甘栗	數顆
天津甘栗碎末	20 克
動物性鮮奶油	120 克
蘭姆酒	12 克

烘焙小重點

- 栗香地瓜裹粉可有效吸收地瓜周圍的水份，避免地瓜在蛋糕糊中因重量較重而沉底。

預備動作
Before Baking

1. 低筋麵粉過篩兩次。
2. 預熱烤箱。
3. 蛋黃與蛋白分離備用。
4. 栗香地瓜切成約 0.7cm 的小丁，裹上低筋麵粉備用。01
5. 動物性鮮奶油與糖一起打發，拌入蘭姆酒攪勻後，再拌入天津甘栗碎末備用。02

做法
How To Make

A. 製作蛋黃麵糊

1. 依 P.18 步驟 3 直接法完成蛋黃麵糊。

B. 製作蛋白霜

2. 將蛋白放入無油無水的鋼盆中，以電動攪拌器中速→高速→中速的方式打發，並分三次加入砂糖，將蛋白霜打至彎鉤狀，完成的蛋白霜會相當細緻有光澤。

C. 混合

3. 取 1/3 蛋白霜混入蛋黃糊中，以打蛋器垂直攪拌後，再翻拌均勻，再倒回剩餘的蛋白霜中，以攪拌刮刀確實翻拌均勻。
4. 混入裹粉的栗香地瓜。03

D. 入模

5. 完成的蛋糕糊，倒入戚風模型中。將模型稍微提起，重放於桌面上以震出大氣泡，再以竹籤劃圈消除多餘的小氣泡。

E. 烘烤 & 脫模

6. 用直烤法以 190℃ /140℃ 先烤 10 分鐘後，再轉 180℃ /140℃ 烤 18 分鐘，出爐後將蛋糕重敲倒扣至涼，完成脫模。04

F. 裝飾

7. 於戚風蛋糕表面抹上鮮奶油，裝飾上糖煮甘栗，綴上新鮮薄荷即完成。

01

02

03

04

香蕉戚風

Banana Chiffon Cake

不知道從什麼時候開始，
很懼怕香蕉的我，居然可以接受這樣水果，甚至有點喜歡吃，
尤其是去皮冷凍後的香蕉，吃起來就像水果冰棒一樣。
將綿密細緻的香蕉加入蛋糕糊中增添濕潤軟Q的口感，
這款是我們家超級受歡迎的蛋糕，相信你也會喜歡。

製作 & 烘烤法

- 蛋黃麵糊：直接法
- 烘烤方式：直烤法
- 基礎戚風製作過程請見 P.16。

工具

14cm 加高中空模

材料

蛋黃麵糊

低筋麵粉	50 克
去皮冷凍香蕉	85 克
牛奶	25 克
砂糖	5 克
玄米油	36 克
蛋黃	53 克

蛋白霜

蛋白	120 克
砂糖	39 克

裝飾

動物性鮮奶油	150 克
砂糖	15 克
蘭姆酒	3 克
新鮮香蕉	1 條
焦糖核桃	80 克

預備動作

Before Baking

1. 低筋麵粉過篩兩次。
2. 預熱烤箱。
3. 蛋黃與蛋白分離備用。
4. 香蕉去皮放冷凍，退冰後壓泥備用。01
5. 動物性鮮奶油與糖一起打發（見 P.142），再拌入蘭姆酒攪勻後，冷藏備用。
6. 製作焦糖核桃（見 P.145）。02

做法

How To Make

A. 製作蛋黃麵糊

1. 將蛋黃、糖與液體油一起放入小鍋中，以打蛋器快速攪拌均勻。
2. 加入香蕉泥稍微混合。03
3. 再加入牛奶攪拌均勻。
4. 將過篩後的低筋麵粉一口氣倒入盆中，輕巧地拌勻。

B. 製作蛋白霜

5. 將蛋白放入無油無水的鋼盆中，以電動攪拌器中速→高速→中速的方式打發，並分三次加入砂糖，將蛋白霜打至彎鉤狀，完成的蛋白霜會相當細緻有光澤。04

C. 混合

6. 取 1/3 蛋白霜混入蛋黃糊中，以打蛋器垂直攪拌後，再翻拌均勻，再倒回剩餘的蛋白霜中，以攪拌刮刀確實翻拌均勻。

D. 入模

7. 完成的蛋糕糊，倒入戚風模型中。將模型稍微提起，重放於桌面上以震出大氣泡，再以竹籤劃圈消除多餘的小氣泡。

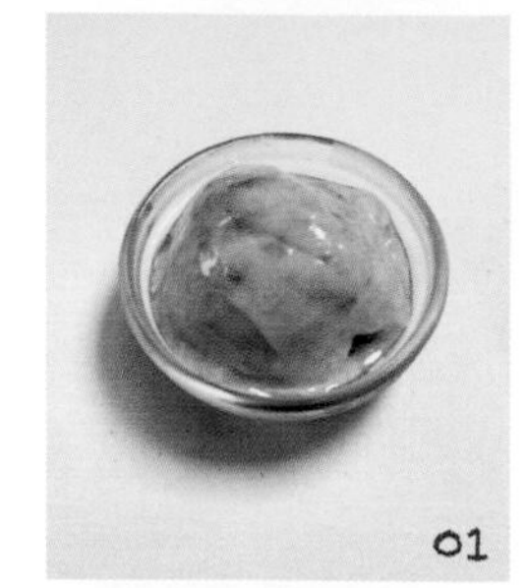

01

02

03

04

E. 烘烤 & 脫模

8. 用直烤法以 190℃ /140℃先烤 10 分鐘後，再轉 180℃ /140℃烤 18 分鐘，出爐後將蛋糕重敲倒扣至涼，完成脫模。

G. 裝飾

9. 蛋糕脫模後置於轉檯上，打發的動物性鮮奶油裝入擠花袋，擠於蛋糕周圍。05

Tips

事先將鮮奶油以平均的方式分布於蛋糕上，可輔助快速抹平鮮奶油。

10. 以塑膠刮板輕輕將周圍的鮮奶油刮平，修飾頂部的鮮奶油，並於蛋糕頂部均勻分布擠上打發鮮奶油，放上香蕉切片與焦糖核桃。06 07 08

Tips

香蕉與焦糖核桃長時間放置於蛋糕上，可能會有氧化變色或焦糖染色的情形，建議享用前再放上唷！

05

06

07

08

三色戚風

Colorful Chiffon Cake

彷彿三色彩虹般的夢幻，
以輕盈的色彩
為自己做個浪漫的多層次蛋糕吧！
第一次製作這款蛋糕，
是為了替不喜歡華麗霜飾的朋友慶生，
因此希望用簡單的色粉增添視覺效果。
可愛又不失美味的蛋糕，
只需要先製作不同的蛋黃糊，
就可以輕鬆完成囉！

製作 & 烘烤法

- 蛋黃麵糊：直接法
- 烘烤方式：烘蒸法
- 基礎戚風製作過程請見 P.16。

工具

14cm 加高中空模

材料

蛋黃麵糊

低筋麵粉	50 克
砂糖	5 克
牛奶	45 克
玄米油	36 克
蛋黃	53 克
無糖抹茶粉	2.5 克
紅麴粉	1.5 克

蛋白霜

蛋白	120 克
砂糖	39 克

裝飾

動物性鮮奶油	120 克
砂糖	12 克
蘭姆酒	3 克
杏仁果	8 ～ 10 顆

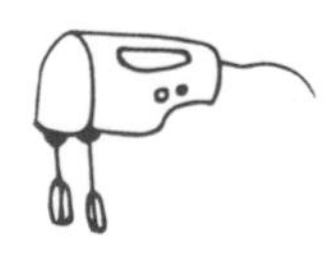

預備動作

Before Baking

1. 低筋麵粉過篩兩次。
2. 預熱烤箱。
3. 蛋黃與蛋白分離備用。
4. 抹茶粉與紅麴粉先加入少許熱水調成糊狀。
5. 動物性鮮奶油與糖一起打發（見 P.142），再拌入蘭姆酒攪勻後冷藏備用。

做法

How To Make

A. 製作蛋黃麵糊

1. 依 P.18 步驟 3 直接法完成蛋黃麵糊。
2. 將蛋黃糊分為三等份，其中一份加入抹茶糊調勻，另一份則混入紅麴糊。01

B. 製作蛋白霜

3. 將蛋白放入無油無水的鋼盆中，以電動攪拌器中速→高速→中速的方式打發，並分三次加入砂糖，將蛋白霜打至彎鉤狀，完成的蛋白霜會相當細緻有光澤。

C. 混合

4. 將蛋白霜分成三等份，分別取其 1/3 混入蛋黃糊中翻拌均勻。02
5. 將步驟 4 的蛋黃糊，分別倒回剩餘的蛋白霜中，同樣先以打蛋器垂直攪拌，再進行翻拌，最後以刮刀確實翻拌均勻。03

D. 入模

6. 將完成的蛋糕糊，依序倒入戚風模型中，先倒入粉色麵糊，再依續倒入其他顏色的蛋糕糊。倒入蛋糕糊後，就不需要再重摔模型，以免分層歪斜。04 05 06

01

02

03

04

Tips
倒入蛋糕糊的時候，若有沾到模型的邊緣或不平整，記得以紙巾擦拭乾淨唷！07

E. 烘烤 & 脫模

8. 用烘蒸法以 190℃ /140℃ 先烤 10 分鐘後，再轉 180℃ /140℃ 烤 23 分鐘，出爐後將蛋糕重敲倒扣至涼，完成脫模。

F. 裝飾

9. 蛋糕上方鋪上薄薄一層鮮奶油，再將鮮奶油裝入擠花袋，擠上 8 朵奶油花於上頭，再擺上杏仁果即可。08

05

06

07

08

聖誕小屋

Christmas Cottage Chiffon Cake

在幾乎無雪的城市生活了幾十年，對於下雪這件事總有些憧憬，
每年冬天我總會製作一款符合當下心情的雪屋蛋糕迎接第一道寒流，
穿著室內靴、裹著圍巾，想像重遊銀白色的北國。
不外出的日子，待在家中，
你也為家人沖一壺暖呼呼的伯爵茶，坐下來一起吃片蛋糕吧！

製作 & 烘烤法

- 蛋黃麵糊：燙麵法
- 烘烤方式：直烤法
- 基礎戚風製作過程請見 P.16。

工具

6 吋硬模

材料

蛋黃麵糊

低筋麵粉	50 克
煉奶	5 克
玄米油	30 克
蛋黃	55 克
伯爵茶包	2 包
熱水	55 克

蛋白霜

蛋白	120 克
砂糖	36 克

餅乾

低筋麵粉	100 克
無鹽奶油	35 克
糖粉	17 克
全蛋	24 克

裝飾

a.	
動物性鮮奶油	120 克
伯爵茶末	2 克
砂糖	12 克
b.	
動物性鮮奶油	90 克
砂糖	9 克
c.	
白巧克力	適量

預備動作
Before Baking

1. 低筋麵粉過篩兩次。
2. 預熱烤箱。
3. 蛋黃與蛋白分離備用。
4. 伯爵茶以熱水泡開取 40 克，放涼備用。
5. 動物性鮮奶油加糖打發後放入冰箱冷藏備用（見 P.142），其中 a 需加入乾燥伯爵茶末拌勻。01

做法
How To Make

A. 製作蛋黃麵糊

1. 將玄米油倒入單柄湯鍋中，以小火加熱至出現油紋（約 10 秒）。
2. 將低筋麵粉倒入單柄湯鍋中，以打蛋器確實攪拌均勻成糊狀。
3. 加入伯爵茶液與茶末攪拌。02
4. 一次加一顆蛋黃，拌勻後再加入下一顆，逐次將所有蛋黃加入攪勻，完成蛋黃糊。

B. 製作蛋白霜

5. 將蛋白放入無油無水的鋼盆中，以電動攪拌器中速→高速→中速的方式打發，並分三次加入砂糖，將蛋白霜打至彎鉤狀，完成的蛋白霜會相當細緻有光澤。03

C. 混合

6. 取 1/3 蛋白霜混入蛋黃糊中，以打蛋器垂直攪拌後，再翻拌均勻，再倒回剩餘的蛋白霜中，以攪拌刮刀確實翻拌均勻。

D. 入模

7. 完成的蛋糕糊，倒入戚風模型中。將模型稍微提起，重放於桌面上以震出大氣泡，再以竹籤劃圈消除多餘的小氣泡。

01

02

03

04

E. 烘烤 & 脱模

8. 用直烤法以 190℃ /140℃先烤 10 分鐘後，再轉 180℃ /140℃烤 18 分鐘，出爐後將蛋糕重敲倒扣至涼，完成脱模。04

F. 製作餅乾

9. 將奶油放置室溫軟化，加入砂糖打至顏色發白，分多次加入全蛋拌勻，再加入低筋麵粉混合。完成的麵團以保鮮膜封緊，放冷藏約 2 小時備用。05
10. 將麵團擀開，以刮板切出小屋造型，以上火 / 下火 180℃烘烤約 20 分鐘出爐。06
11. 餅乾放涼後，即可以融化的白巧克力黏合餅乾片，做成房屋造型，並用白巧克力畫出門窗及做成白雪覆蓋屋頂的模樣。07

G. 組合

12. 將伯爵鮮奶油鋪於蛋糕上方，以刮板與抹刀抹平鮮奶油，於蛋糕上淋上打發後的鮮奶油 b。08 09 10
13. 依喜好組裝小屋的位置，並在小屋上方撒上防潮糖粉、蛋糕表面壓出雪腳印、插上 2 株迷迭香枝條即完成。11 12

戀愛水果戚風

Chiffon Cake with Fruits

與情人的相處方式有好多，我偏偏不是瀰漫粉紅泡泡的那種。
總覺得甜蜜不需特別營造，也不需向任何人展露，
而是不經意地在生活中偶爾出現，淡淡的、甜甜的，
一打開蛋糕盒，只有彼此都懂的幸福味就自然飄出來了。

製作 & 烘烤法

- 蛋黃麵糊：燙麵法
- 烘烤方式：直烤法
- 基礎戚風製作過程請見 P.16。

工具

6 吋硬模

材料

蛋黃麵糊

低筋麵粉	50 克
牛奶	40 克
煉乳	5 克
玄米油	30 克
蛋黃	55 克

蛋白霜

蛋白	120 克
砂糖	36 克

裝飾

動物性鮮奶油	180 克
砂糖	18 克
新鮮水果	適量
裝飾餅乾	適量

烘焙小重點

- 新鮮水果表層可塗上適量的果膠（見 P.144），保持水果光澤感。這類的蛋糕，建議 3 天內一定要吃完，若是使用莓果類的水果，一碰到潮濕的鮮奶油就會容易發霉，更要在 2 天之內食用完畢。

預備動作
Before Baking

1. 低筋麵粉過篩兩次。
2. 預熱烤箱。
3. 蛋黃與蛋白分離備用。
4. 裝飾餅乾製作，配方見 P.100。
5. 動物性鮮奶油與糖一起打發（見 P.142），冷藏備用。

做法
How To Make

A. 製作蛋黃麵糊

1. 以 P.19 步驟 3 燙麵法製作蛋黃麵糊。

B. 製作蛋白霜

2. 將蛋白放入無油無水的鋼盆中，以電動攪拌器中速→高速→中速的方式打發，並分三次加入砂糖，將蛋白霜打至彎鉤狀，完成的蛋白霜會相當細緻有光澤。

C. 混合

3. 取 1/3 蛋白霜混入蛋黃糊中，以打蛋器垂直攪拌後，再翻拌均勻，再倒回剩餘的蛋白霜中，以攪拌刮刀確實翻拌均勻。

D. 入模

4. 完成的蛋糕糊，倒入戚風模型中。將模型稍微提起，重放於桌面上以震出大氣泡，再以竹籤劃圈消除多餘的小氣泡。

E. 烘烤 & 脫模

5. 用直烤法以 190℃ /140℃先烤 10 分鐘後，再轉 180℃ /140℃烤 18 分鐘，出爐後將蛋糕重敲倒扣至涼，完成脫模後，將蛋糕以密封袋封緊後冷凍。

F. 脫模

6. 蛋糕體變硬後，即可輕鬆切除頂部高出模型處，再將蛋糕體分切為三等份。01
7. 第一、二層，分別以鮮奶油→切半葡萄→鮮奶油的方式製作夾層。蛋糕最上層，則依喜好加上水果裝飾即完成。02 03 04

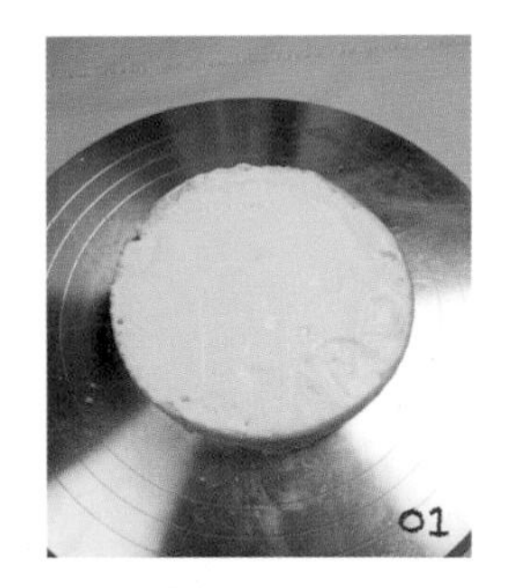

粉漾花環

Garland Of Youth Pink Chiffon Cake

比起抹滿鮮奶油的蛋糕，媽媽更喜歡這種單純夢幻的蛋糕！
運用不同顏色的鮮奶油製作花環裝飾，
深深淺淺的樣子讓餐桌也洋溢春色，更讓人開心的是，
這樣浪漫的裝飾，只需要簡單搭配兩種花嘴就能完成唷！

製作 & 烘烤法

- 蛋黃麵糊：燙麵法
- 烘烤方式：烘蒸法
- 基礎戚風製作過程請見 P.16。

工具

14cm 加高中空模

材料

蛋黃麵糊

低筋麵粉	50 克
蜂蜜	5 克
牛奶	40 克
玄米油	36 克
蛋黃	55 克
紅麴粉	0.5 克
蔓越莓乾	30 克

蛋白霜

蛋白	120 克
砂糖	39 克

裝飾

動物性鮮奶油	130 克
糖	13 克
蘭姆酒	3 克

預備動作

Before Baking

1. 低筋麵粉過篩兩次。
2. 預熱烤箱。
3. 蛋黃與蛋白分離備用。
4. 動物性鮮奶油與糖一起打發（見 P.142），拌入蘭姆酒攪勻後冷藏備用。
5. 蔓越莓乾剪碎，表面裹上低筋麵粉。01

做法

How To Make

A. 製作蛋黃麵糊

1. 將油加熱至出現油紋後， 一口氣倒入低筋麵粉，以打蛋器攪拌均勻。
2. 加入蜂蜜、牛奶與紅麴糊攪拌。02
3. 一次加一顆蛋黃，拌勻後再加入下一顆，逐次將所有蛋黃加入攪勻，完成蛋黃糊。

B. 製作蛋白霜

4. 將蛋白放入無油無水的鋼盆中，以電動攪拌器中速→高速→中速的方式打發，並分三次加入砂糖，將蛋白霜打至彎鉤狀，完成的蛋白霜會相當細緻有光澤。

C. 混合

5. 取 1/3 蛋白霜混入蛋黃糊中，以打蛋器垂直攪拌後，再翻拌均勻，再倒回剩餘的蛋白霜中，以攪拌刮刀確實翻拌均勻。03
6. 加入裹上低筋麵粉的蔓越莓乾。04

D. 入模

7. 完成的蛋糕糊，倒入戚風模型中。將模型稍微提起，重放於桌面上以震出大氣泡，再以竹籤劃圈消除多餘的小氣泡。

01

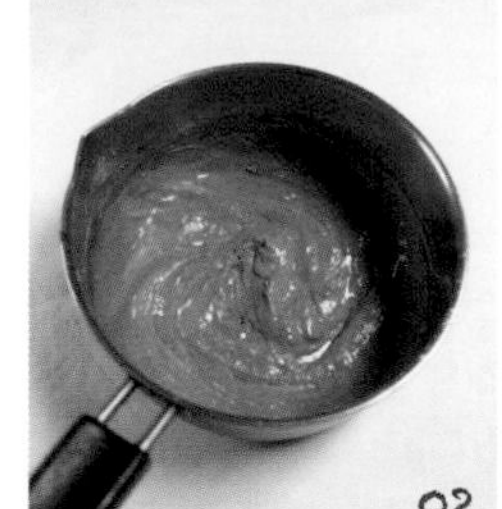

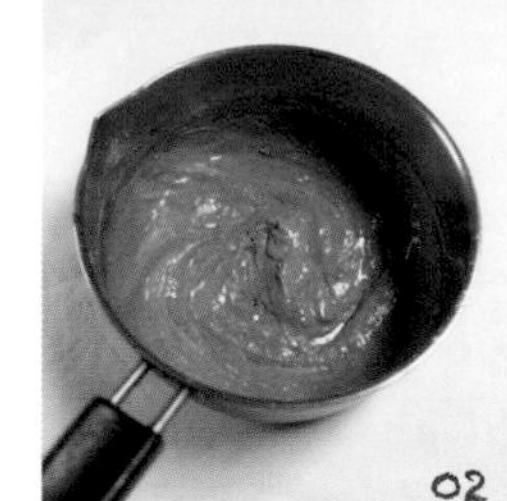

02

03

04

E. 烘烤 & 脱模

8. 用烘蒸法以 190℃ /140℃先烤 10 分鐘後，再轉 180℃ /140℃烤 23 分鐘，出爐後將蛋糕重敲倒扣至涼，完成脱模後，將蛋糕以密封袋封緊後冷凍。

F. 組合

9. 蛋糕體變硬後，即可輕鬆切除頂部高出模型處，再將蛋糕體分切為兩等份。05

Tips

戚風蛋糕質地柔軟，即使有切片輔助器，仍然很容易使蛋糕變形，建議冷凍至蛋糕體稍硬再橫切，操作會更順手。

10. 依喜好擠上打發的動物性鮮奶油。可先預留部分鮮奶油混入紅麴粉，這樣就可以製作雙色擠花了。06 07 08

05

06

07

08

Part6

迷人的多變戚風

即使是相同食譜，
以不同的模型烘烤出來的口感也都不同。
因此，在熟悉配方與操作手法後，
你也可以盡情變換不同的烤模
來創造自己喜歡的口感囉！

味噌起司蛋糕

Miso Chiffon Cake with Cheese

為了重現日本民宿媽媽的家庭味噌湯，我特地買了多種食材實驗，
還記得那陣子家裡天天有豆腐味噌湯可以喝呢！除了煮湯，
後來我也偶爾會將味噌用於蛋糕，濃厚的味道帶有讓人覺得溫暖的香氣，
天然的甜鹹交織，再搭配一杯熱呼呼的豆漿，就是完美的早餐了。

製作 & 烘烤法

- 蛋黃麵糊：直接法
- 烘烤方式：直烤法
- 基礎戚風製作過程請見 P.16。

工具

20×20×5cm
深紙箱模

材料

蛋黃麵糊

低筋麵粉	120 克
味噌	20 克
牛奶	70 克
玄米油	70 克
蛋黃	110 克
全蛋	60 克

蛋白霜

蛋白	260 克
砂糖	90 克

內餡

切達起司片	5 片

烘焙小重點

- 若喜歡更濃郁的起司香，還可於入爐前，在蛋糕表面以過篩的方式撒上帕馬森起司粉。
- 大家很喜歡的古早味蛋糕，也可運用這樣的方式在家自己做。

預備動作
Before Baking

1. 低筋麵粉過篩兩次。
2. 預熱烤箱。
3. 蛋黃與蛋白分離備用，要留下一顆全蛋。
4. 將牛奶加熱，味噌以過篩的方式加入牛奶中混合均勻。01
5. 烤模鋪上白報紙 / 烘焙布（見 P.143）。

做法
How To Make

A. 製作蛋黃麵糊

1. 將蛋黃與液體油混合，再加入全蛋攪勻。
2. 加入味噌牛奶混合。02
3. 加入低筋麵粉拌勻完成蛋黃麵糊。

B. 製作蛋白霜

4. 將蛋白放入無油無水的鋼盆中，以電動攪拌器中速→高速→中速的方式打發，並分三次加入砂糖，將蛋白霜打至小尖角狀。03

C. 混合

5. 取 1/3 蛋白霜混入蛋黃糊中，以打蛋器垂直攪拌後，再翻拌均勻，再倒回剩餘的蛋白霜中，以攪拌刮刀確實翻拌均勻。

D. 入模

6. 將一半的麵糊倒入模型中，輕震模型，再放上起司片。04

Tips
起司片不要太靠近蛋糕邊，以免烘烤時露餡。

7. 平均倒入剩餘的蛋糕糊，並抹平表面。第二層麵糊倒入後，就不要再敲模型，以免起司片歪斜。

E. 烘烤 & 脫模

7. 用直烤法以 180℃ /130℃先烤 10 分鐘後，再轉 160℃ /130℃烤 50 分鐘，出爐後將蛋糕移出烤模，並撕開四邊散熱即完成。05

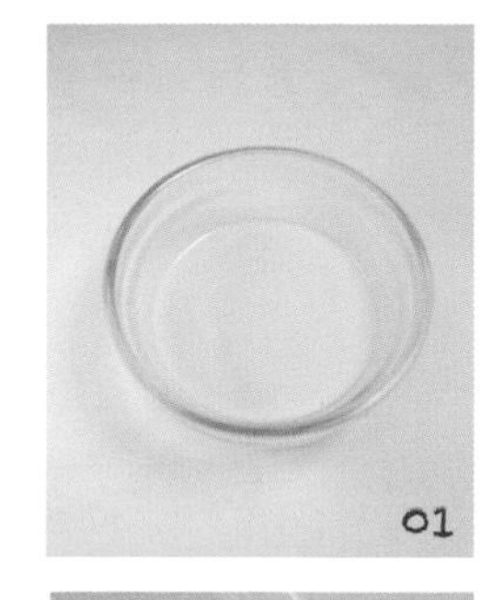
01

02

03

04

05

年輪蛋糕

Baumkuchen Chiffon Cake

又站在一年的起跑線上，該往前看的時候，
卻特別想回頭抓住些什麼。彷彿年輪般，將回憶去蕪存菁，
美好一一細心包裹收藏，也許時間久了會淡忘，
但當你劃開心事，就會發現，那些美好不曾離去。

製作 & 烘烤法

- 蛋黃麵糊：燙麵法
- 烘烤方式：直烤法
- 基礎戚風製作過程請見 P.16。

工具

32×25×3cm 深烤盤

材料

蛋黃麵糊

低筋麵粉	50 克
玉米粉	10 克
無糖可可粉	9 克
糖粉	3 克
調合用熱水	45 克
玄米油	35 克
蛋黃	70 克

蛋白霜

蛋白	160 克
砂糖	48 克

裝飾

a.

動物性鮮奶油	100 克
馬斯卡邦乳酪	80 克
砂糖	18 克
堅果碎	20 克

b.

動物性鮮奶油	120 克
砂糖	12 克

c.

新鮮水果	適量

預備動作
Before Baking

1. 低筋麵粉、玉米粉過篩兩次。
2. 預熱烤箱。
3. 蛋黃與蛋白預先分離備用。
4. 無糖可可粉、糖粉與熱水先調開成可可糊。
5. 將動物性鮮奶油與糖一起打發（見 P.142），其中 a 需加入馬斯卡邦乳酪與堅果碎攪勻，冷藏備用。01
6. 烤模鋪白報紙 / 烘焙布（見 P.143）。02

01

02

做法
How To Make

A. 製作蛋黃麵糊

1. 將玄米油倒入單柄湯鍋中，以小火加熱至出現油紋（約 10 秒）。03
2. 將低筋麵粉及玉米粉倒入單柄湯鍋中，以打蛋器確實攪拌均勻成糊狀。
3. 加入已調勻的可可糊攪拌均勻。04
4. 一次加一顆蛋黃，拌勻再加入下一顆，逐次將所有蛋黃加入攪勻，完成蛋黃糊。05

B. 製作蛋白霜

5. 蛋白放入無油無水的鋼盆中，以電動攪拌器中速→高速→中速的方式打發，並分三次加入砂糖，將蛋白霜打至小尖角狀。06

C. 混合

6. 取 1/3 蛋白霜混入蛋黃糊中，以打蛋器垂直攪拌後，再翻拌均勻，再倒回剩餘的蛋白霜中，以攪拌刮刀確實翻拌均勻。07 08

D. 入模

7. 將蛋糕糊倒入模型中，以刮板輕輕抹平蛋糕面，將烤盤稍微提起，重放於桌面上以震出大氣泡。09

E. 烘烤 & 脫模

8. 用直烤法以 190℃ /140℃先烤 10 分鐘後，再轉 180℃ /140℃ 烤 15 分鐘，出爐後將蛋糕移出烤模，並撕開四邊散熱。10

G. 外捲法整型

10. 將蛋糕片沿著長邊切為三等份，成為 3 片長條形的蛋糕片，深色烤面為底，抹上打發好的堅果粒鮮奶油。11 12

Tips

須抹上稍有厚度的堅果粒鮮奶油。

12. 依外捲法將 3 片長條形的蛋糕片捲起。兩片相接處，請務必貼緊。13 14
13. 捲完成後，於下方墊上一張長條白報紙，以白報紙包覆蛋糕捲，白報紙須收緊黏貼，最後成型才會比較工整。15 16

Tips

上方記得要蓋上保鮮膜，以免蛋糕體過於乾燥，送入冷藏至少 3 小時以上。

H. 裝飾

14. 將打發的鮮奶油 b 覆蓋於蛋糕表面，以刮刀於周圍先大致抹勻，再抹出像是樹木直條紋路，並加上喜歡的水果裝飾即完成。17 18

Tips

以新鮮水果裝飾的蛋糕，別忘了在水果上塗點果膠（見 P.144）唷！

米歇爾香蕉捲

Chocolate Banana Roll Cake

美味的香蕉無論是以霜淇淋聖代、
鬆餅或千層蛋糕等形式出現，
與巧克力一直是絕配的食材，
不需要添加太多的糖或可可粉，
運用天然的香蕉甜味，
就能引出可可獨特的香氣唷！

製作 & 烘烤法

- 蛋黃麵糊：直接法
- 烘烤方式：直烤法
- 基礎戚風製作過程請見 P.16。

工具

24.8×28×3cm
深紙箱模

材料

蛋黃麵糊

低筋麵粉	55 克
米歇爾可可粉	9 克
調合用熱水	45 克
糖粉	5 克
玄米油	42 克
蛋黃	70 克

蛋白霜

蛋白	160 克
砂糖	52 克

巧克力香緹

動物性鮮奶油 A	140 克
砂糖	14 克
白蘭地酒	3 克
苦甜巧克力	32 克
動物性鮮奶油 B	30 克

烘焙小重點

- 蛋糕上方的花朵的餅乾裝飾，配方請見 P.98「聖誕小屋」。
- 巧克力香緹做法：苦甜巧克力隔水融化，加入動物性鮮奶油 B 混合均勻，再與打發的鮮奶油攪拌均勻。

預備動作
Before Baking

1. 低筋麵粉過篩兩次。
2. 預熱烤箱，蛋黃與蛋白分離備用。
3. 可可粉與糖粉混合均勻後，沖入熱水攪勻。
4. 烤模鋪上白報紙 / 烘焙布（見 P.143）。
5. 動物性鮮奶油與砂糖一起打發（見 P.142），加入白蘭地酒攪勻。

做法
How To Make

A. 製作蛋黃麵糊

1. 以 P.18 步驟 3 直接法完成蛋黃麵糊。

B. 製作蛋白霜

2. 將蛋白放入無油無水的鋼盆中，以電動攪拌器中速→高速→中速的方式打發，並分三次加入砂糖，將蛋白霜打至小尖角狀。01

C. 混合

3. 取 1/3 蛋白霜混入蛋黃糊中，以打蛋器垂直攪拌後，再翻拌均勻，再倒回剩餘的蛋白霜中，以攪拌刮刀確實翻拌均勻。

D. 入模

4. 將麵糊倒入模型中，再以刮板輕巧地抹平表面，將烤盤稍微提起，重放於桌面上以震出大氣泡。02

E. 烘烤 & 脫模

5. 用直烤法以 180℃ /140℃ 烘烤 25 分鐘，出爐後將蛋糕移出烤模，並撕開四邊散熱。

F. 外捲法整型

6. 蛋糕片深色烤面為底，抹上巧克力香緹、擺上一根去皮香蕉，香蕉上再覆蓋適量的巧克力香緹。以外捲法將蛋糕體捲起。確實收緊紙張固定，放入冰箱冷藏一夜。03

G. 裝飾

7. 隔天將蛋糕捲取出，切掉兩端，並在蛋糕捲上方擠上鮮奶油，再綴上餅乾即可。

01

02

03

草莓花園

Strawberry Garden Chiffon Cake

其實也說不上對草莓有特別的喜愛，但每年冬天總會有那麼一個癮，
小時候總覺得如果可以自己擁有一個滿滿草莓的大蛋糕，就是最大的幸福。
不知道是不是因為這個願望陳年許久，長大後我卻更喜歡與人分享這份幸福，
看見大家滿足地說：「草莓好多好過癮！」比自己獨佔來得更加幸福了。

製作 & 烘烤法

- 蛋黃麵糊：燙麵法
- 烘烤方式：直烤法
- 基礎戚風製作過程請見 P.16。

工具

24.8×28×3cm 深烤盤

材料

蛋黃麵糊

低筋麵粉	60 克
牛奶	35 克
無糖抹茶	7 克
糖粉	5 克
調合用熱水	14 克
玄米油	35 克
蛋黃	70 克

蛋白霜

蛋白	160 克
砂糖	48 克

內餡&裝飾

新鮮草莓	數顆
動物性鮮奶油	140 克
馬斯卡邦乳酪	70 克
香草莢	1/2 根
煉乳	5 克
砂糖	20 克
果膠	適量
新鮮草莓	適量
新鮮薄荷	適量

預備動作

Before Baking

1. 低筋麵粉過篩兩次。
2. 預熱烤箱。
3. 蛋黃與蛋白預先分離備用。
4. 抹茶加糖混合後，沖入熱水攪勻備用。
5. 動物性鮮奶油加糖打發（見 P.142），再與馬斯卡邦、香草莢與煉乳混合，冷藏備用。01
6. 烤模鋪白報紙 / 烘焙布（見 P.143）。02
7. 製作果膠（見 P.144）備用。03

01

02

做法

How To Make

A. 製作蛋黃麵糊

1. 將玄米油倒入單柄湯鍋中，以小火加熱至出現油紋（約 10 秒）。
2. 將低筋麵粉倒入單柄湯鍋中，以打蛋器確實攪拌均勻成糊狀。
3. 再加入抹茶糊、牛奶攪拌均勻。04
4. 一次加一顆蛋黃，拌勻再加入下一顆，逐次將所有蛋黃加入攪勻，完成蛋黃糊。05

B. 製作蛋白霜

5. 將蛋白放入無油無水的鋼盆中，以電動攪拌器中速→高速→中速的方式打發，並分三次加入砂糖，將蛋白霜打至小尖角。06

C. 混合

6. 6. 取 1/3 蛋白霜混入蛋黃糊中，以打蛋器垂直攪拌後，再翻拌均勻，再倒回剩餘的蛋白霜中，以攪拌刮刀確實翻拌均勻。07

D. 入模

7. 將麵糊倒入模型中，再以刮板輕巧地抹平表面，將烤盤稍微提起，重放於桌面上以震出大氣泡。08 09

E. 烘烤 & 脫模

8. 用直烤法以 180℃ /140℃ 烘烤 25 分鐘，出爐後將蛋糕移出烤模，並撕開四邊散熱後，翻面備用。10 11

F. 製作蛋糕片

11. 待蛋糕涼透後，裁切出兩片 7.5×22cm 的蛋糕片。12

G. 組合

12. 將其中一片蛋糕片上擠抹出一層適量的打發鮮奶油。鮮奶油的量可視個人喜好塗抹。13
13. 將新鮮草莓洗淨，擦乾後切半，切面鋪於蛋糕上。草莓洗淨後須確實擦乾，以降低發霉機會。14 15
14. 在最上層蛋糕片上，再擠上一層打發鮮奶油。16 17

Tips

因為下層已有草莓，此時的鮮奶油以擠花嘴擠出，能較為平均且完整。

15. 再將整粒的新鮮草莓排列於上方，即可開心享用。18

Tips

整粒草莓建議大小一致，視覺上會較為美觀。

16. 在草莓上輕輕地抹上果膠，再綴上幾片薄荷片。

Tips

果膠除了增加視覺效果，也可確保冷藏的狀態下草莓的完整性。

藏心香橙捲

Satsuma Roll Cake

冬天是橙的季節，

生在台灣很幸運地每年冬天都有各式各樣的柑橘水果可以享用。

為了獲得最細緻的果肉，我超級願意花時間將整顆蜜柑去皮、剝瓣，

再細心撕除薄膜，最後貪心地把一顆顆美味捲入蛋糕中。

看見這奢侈的斷面，再多的處理步驟也都值得了。

製作 & 烘烤法

- 蛋黃麵糊：燙麵法
- 烘烤方式：直烤法
- 基礎戚風製作過程請見 P.16。

工具

24.8×28×3cm

深烤盤

材料

蛋黃麵糊

低筋麵粉	60 克
牛奶	45 克
君度橙酒	3 克
玄米油	35 克
煉乳	5 克
蛋黃	70 克
橙皮絲	15 克

蛋白霜

蛋白	160 克
砂糖	52 克

內餡 & 裝飾

蜜柑	4 ～ 5 顆
動物性鮮奶油	160 克
砂糖	16 克
君度橙酒	3 克

預備動作

Before Baking

1. 低筋麵粉過篩兩次，且預熱烤箱。
2. 蛋黃與蛋白分離備用。
3. 蜜柑去皮，剝除橘絡。其中一顆需分離橘瓣，並剝除橘瓣上的橘絡與薄膜。01
4. 橘皮刮除內層白色纖維後切細絲備用。
5. 動物性鮮奶油加糖打發（見 P.142）。
6. 烤模鋪上白報紙 / 烘焙布（見 P.143）。

做法

How To Make

A. 製作蛋黃麵糊

1. 依 P.19 步驟 3 燙麵法完成蛋黃麵糊，再加入橙皮絲攪拌均勻。02

B. 製作蛋白霜

2. 依 P.19 步驟 4 將蛋白霜打至彎鉤狀。

C. 混合

3. 取 1/3 蛋白霜混入蛋黃糊中，以打蛋器垂直攪拌後，再翻拌均勻，再倒回剩餘的蛋白霜中，以攪拌刮刀確實翻拌均勻。

D. 入模

4. 將麵糊倒入模型中，再以刮板輕巧地抹平表面，將烤盤稍微提起，重放於桌面上以震出大氣泡。

E. 烘烤 & 脫模

5. 用直烤法以 180℃ /140℃ 烘烤 25 分鐘，出爐後將蛋糕移出烤模，並撕開四邊散熱備用。

G. 外捲法整型

6. 以動鮮→蜜柑→動鮮覆蓋蛋糕體，以外捲法捲起固定，放入冰箱冷藏一夜。隔天取出後，切掉兩端，擠上鮮奶油，綴上香橙瓣及薄荷葉即可。03 04 05

01

02

03

04

05

香芋織紋蛋糕

Taros Chiffon Cake

好友送來了一顆好飽滿的大芋頭，煮了火鍋、又拿了一些蒸成泥……，
恰巧芋泥蛋糕是媽媽很喜歡的口味，於是決定訂製一款有成熟女人風味的蛋糕，
獻給自己也獻給媽媽。簡單的平板蛋糕不需要捲、不用擔心裂，
只要有完美的蛋糕體與內餡，就能有最棒的展現！

製作 & 烘烤法

- 蛋黃麵糊：燙麵法
- 烘烤方式：直烤法
- 基礎戚風製作過程請見 P.16。

工具

25×35×3cm 深烤盤
15×15cm 慕斯模

材料

蛋黃麵糊

低筋麵粉	72 克
牛奶	60 克
玄米油	42 克
紅麴粉	0.6 克
蛋黃	84 克

蛋白霜

蛋白	192 克
砂糖	58 克

芋泥餡

蒸軟芋頭塊	284 克
無鹽奶油	30 克
砂糖	36 克
牛奶	50 克

鮮奶油

動物性鮮奶油 A	120 克
砂糖 A	12 克

芋泥香緹

動物性鮮奶油 B	150 克
砂糖 B	15 克
芋泥餡	75 克

裝飾

紫薯粉	適量

預備動作
Before Baking

1. 將低筋麵粉事先過篩兩次。01
2. 預熱烤箱。
3. 蛋黃與蛋白預先分離備用。02
4. 動物性鮮奶油 A 加入砂糖 A 一起打發（見 P.142），冷藏備用；動物性鮮奶油 B 加入砂糖 B 打發，拌入芋泥成為芋泥香緹冷藏備用。
5. 烤模鋪上白報紙 / 烘焙布（見 P.143）。03
6. 紅麴粉加入少許水調和備用。

01

02

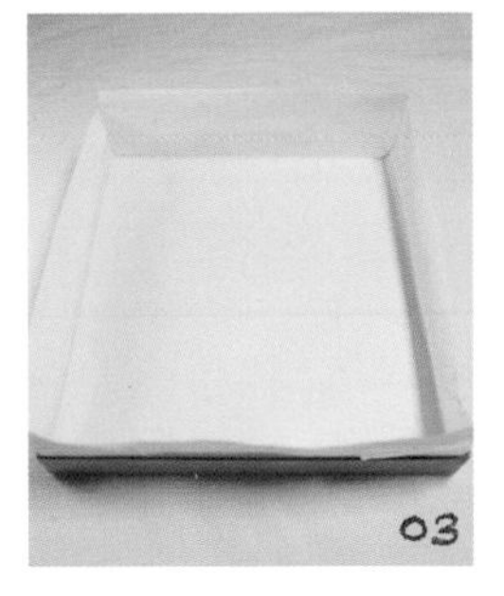
03

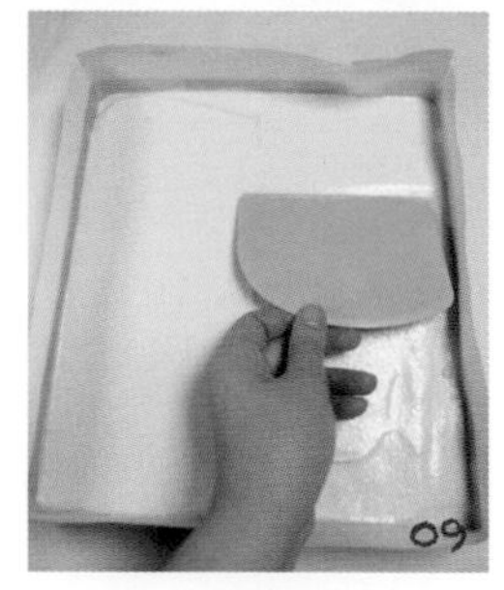

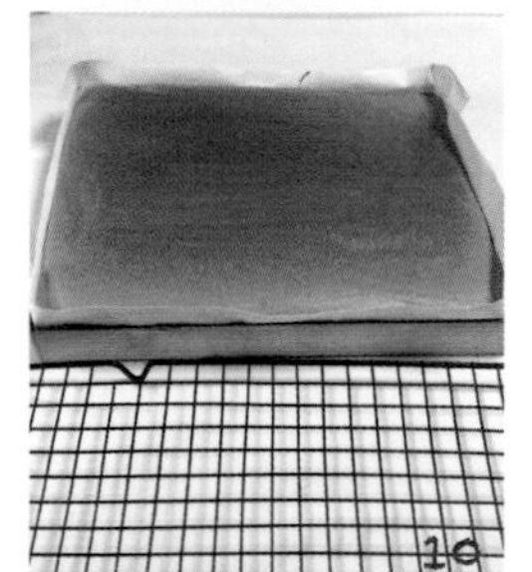

做法
How To Make

A. 製作蛋黃麵糊

1. 將玄米油倒入單柄湯鍋中，以小火加熱至出現油紋（約 10 秒）。
2. 將低筋麵粉倒入單柄湯鍋中，以打蛋器確實攪拌均勻成糊狀。04
3. 再加入紅麴粉、牛奶攪拌均勻。
4. 一次加一顆蛋黃，拌勻後再加入下一顆，逐次將所有蛋黃加入攪勻，完成蛋黃糊 05

B. 製作蛋白霜

5. 將蛋白放入無油無水的鋼盆中，以電動攪拌器中速→高速→中速的方式打發，並分三次加入砂糖，將蛋白霜打至彎鉤狀。06

C. 混合

6. 取 1/3 蛋白霜混入蛋黃糊中，以打蛋器垂直攪拌後，再翻拌均勻，再倒回剩餘的蛋白霜中，以攪拌刮刀確實翻拌均勻。07

D. 入模

7. 將麵糊倒入模型中，再以刮板輕巧地抹平表面，將烤盤稍微提起，重放於桌面上以震出大氣泡。08 09

E. 烘烤 & 脱模

8. 用直烤法以 180℃ /140℃ 烘烤 25 分鐘，出爐後將蛋糕移出烤模，並撕開四邊散熱後，翻面備用。10 11

F. 製作蛋糕片

10. 蛋糕片以慕斯模裁切出 A、B 兩片同樣大小的正方形蛋糕片，慕斯模周圍襯上烘焙紙，先放蛋糕片 A 到慕斯模裡。

G. 組合

11. 蛋糕片 A 表面抹上薄薄一層鮮奶油。12
12. 將芋泥餡裝入擠花袋中，擠出條狀，間隔排列在蛋糕片上。13
13. 將芋泥香緹裝入擠花袋中，再擠於空隙處。14
14. 取出蛋糕片 B，於蛋糕片 B 表面抹上薄薄的一層鮮奶油，鮮奶油面朝下蓋上蛋糕，輕輕壓合。15
15. 將蛋糕與慕斯模分離，完成的斷面會是顏色分明的樣子。16 17
16. 最後在蛋糕上方擠上打發的鮮奶油，再撒上紫薯粉做裝飾即可。18 19

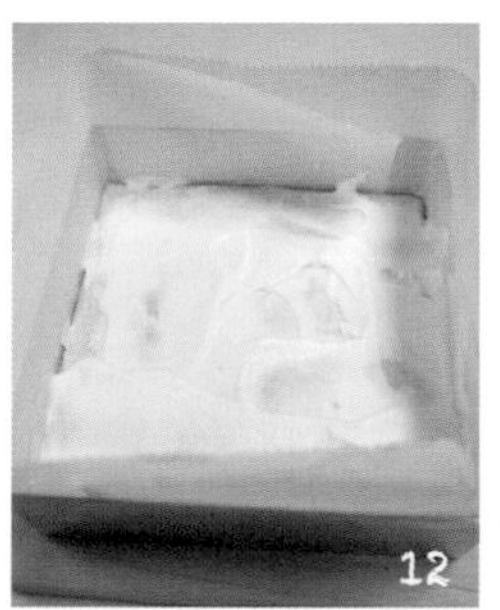

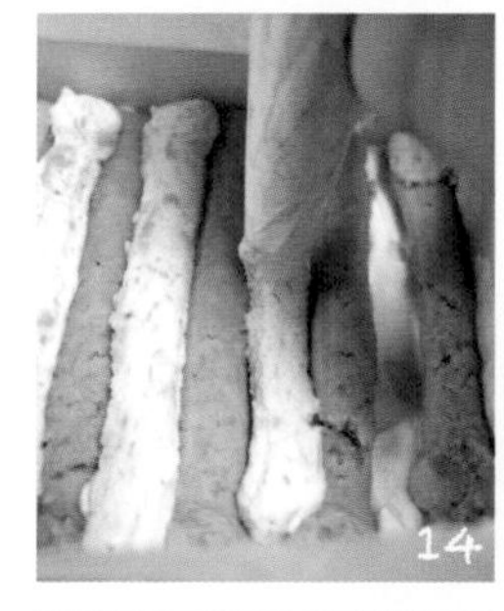

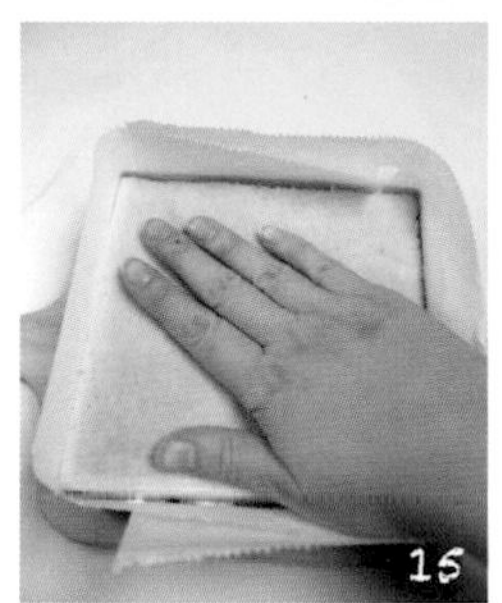

綜合水果捲

Fresh Fruits Roll Cake

熱愛水果口味蛋糕的我，
怎麼可以錯過將各種喜歡的水果捲入蛋糕的機會呢？！
蛋糕體與鮮奶油都加入了大量的堅果與可可脆片，
完全可以享受一直咀嚼的滿足感！
是我們家最最受到歡迎的蛋糕捲口味呢

製作 & 烘烤法

- 蛋黃麵糊：燙麵法
- 烘烤方式：直烤法
- 基礎戚風製作過程請見 P.16。

工具

24.8×28×3cm 深烤盤

材料

蛋黃麵糊

低筋麵粉	60 克
牛奶	50 克
煉乳	10 克
堅果碎	15 克
玄米油	35 克
蛋黃	70 克

蛋白霜

蛋白	160 克
砂糖	48 克

可可堅果香緹

動物性鮮奶油	180 克
砂糖	18 克
堅果碎	25 克
可可碎	25 克

內餡 & 裝飾

奇異果	適量
香蕉	適量
覆盆子	適量
葡萄	適量

預備動作
Before Baking

1. 低筋麵粉過篩兩次，預熱烤箱。
2. 奇異果、香蕉切塊備用。01
3. 蛋黃與蛋白分離備用。動物鮮奶油與砂糖打發，拌入過篩的堅果碎與可可碎，成可可堅果香緹 。02
4. 烤模鋪上白報紙 / 烘焙布（見 P.143）。

做法
How To Make

A. 製作蛋黃麵糊

1. 依 P.19 步驟 3 燙麵法完成蛋黃麵糊，再拌入少許堅果碎。03

B. 製作蛋白霜

2. 依 P.19 步驟 4 將蛋白霜打至彎鉤狀。

C. 混合

3. 取 1/3 蛋白霜混入蛋黃糊中，以打蛋器垂直攪拌後，再翻拌均勻，再倒回剩餘的蛋白霜中，以攪拌刮刀確實翻拌均勻。

D. 入模

4. 麵糊倒入模型，以刮板抹平表面，將烤盤稍微提起，重放於桌面上以震出大氣泡。

E. 烘烤 & 脫模

5. 用直烤法以 180℃ /140℃ 烘烤 25 分鐘，出爐後將蛋糕移出烤模，並撕開四邊散熱後，翻面備用。

F. 內捲法整型

6. 蛋糕體抹上可可堅果香緹、擺上切塊的奇異果與香蕉，以內捲法捲起冷藏一夜。

G. 裝飾

7 隔天取出蛋糕捲，切掉兩端，表面抹上可可堅果香緹，再擺上葡萄及覆盆子，綴上幾片薄荷葉即可。04

01

02

03

04

焦糖蘋果蛋糕

Caramel Apple Cake

一提到蘋果、肉桂、焦糖，你會想到什麼呢？
肉桂捲？蘋果派？
我超喜歡這三劍客的搭配，
但其實這三種食材用於蛋糕也是非常美味呢！
與柔軟的戚風蛋糕體搭配之下，
香濃的蘋果彷彿都要與舌尖戀愛了，
喜歡焦糖果香的你一定不能錯過！

製作 & 烘烤法

- 蛋黃麵糊：燙麵法
- 烘烤方式：直烤法
- 基礎戚風製作過程請見 P.16。

工具

24.8×28×3cm 深烤盤

材料

蛋黃麵糊

低筋麵粉	60 克
蘋果汁	48 克
玄米油	35 克
蛋黃	70 克

蛋白霜

蛋白	160 克
砂糖	48 克
檸檬汁	5 克

裝飾 & 內餡

焦糖蘋果餡	330 克
動物性鮮奶油	140 克
砂糖	14 克
蘭姆酒	適量

預備動作
Before Baking

1. 低筋麵粉過篩兩次。
2. 預熱烤箱。
3. 蛋黃與蛋白分離備用。
4. 製作焦糖蘋果餡（見 P.146）冷藏備用。
5. 動物性鮮奶油加入糖，一起打發（見 P.142）拌入蘭姆酒攪勻，冷藏備用。
6. 烤模鋪上白報紙 / 烘焙布（見 P.143）。

做法
How To Make

A. 製作蛋黃麵糊

1. 將玄米油倒入單柄湯鍋中，以小火加熱至出現油紋（約 10 秒）。
2. 將低筋麵粉倒入單柄湯鍋中，以打蛋器確實攪拌均勻成糊狀。
3. 加入蘋果汁混合均勻。
4. 一次加一顆蛋黃，拌勻後再加入下一顆，逐次將蛋黃加入攪勻，完成蛋黃糊。01

B. 製作蛋白霜

5. 將蛋白放入無油無水的鋼盆中，以電動攪拌器中速→高速→中速的方式打發，並依三次加入砂糖與檸檬汁。將蛋白霜打至彎鉤狀。02

C. 混合

6. 取 1/3 蛋白霜混入蛋黃糊中，以打蛋器垂直攪拌後，再翻拌均勻，再倒回剩餘的蛋白霜中，以攪拌刮刀確實翻拌均勻。03

D. 入模

7. 將麵糊倒入模型中，再以刮板輕巧地抹平表面，將烤盤稍微提起，重放於桌面上以震出大氣泡。

01

02

03

04

E. 烘烤 & 脱模

8. 用直烤法以 180℃ /140℃ 烘烤 25 分鐘，出爐後將蛋糕移出烤模，並撕開四邊散熱備用。04

F. 製作蛋糕片

9. 待蛋糕涼透後，裁切出兩片 7.5×22cm 的蛋糕片備用。05

G. 組合 & 裝飾

10. 將焦糖蘋果餡抹在蛋糕片後，四周擠上打發的鮮奶油。
11. 將另一片蛋糕蓋上。07
12. 於蛋糕表面排上片狀的焦糖蘋果片，再擠上剩餘的打發鮮奶油即完成。08

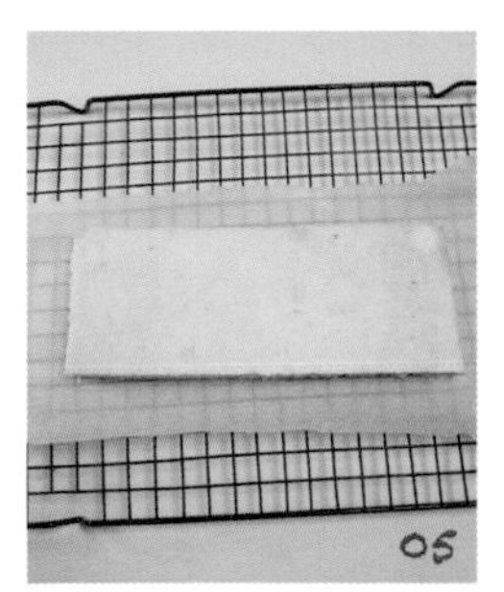
05

06

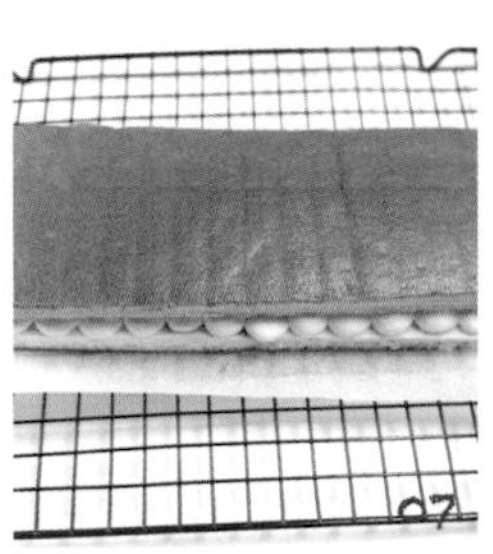
07

08

香草波士頓派

Boston Cream Pie

記得小時候，媽媽怕我在學校肚子餓，總會塞個小蛋糕在我的便當袋裡，
那時只覺得中間的奶油餡配上蛋糕吃起來好香好好吃，
後來才知道原來那種切片蛋糕叫波士頓派。
運用蒸烤法的特性，使派頂不會容易爆裂，也更容易烤出有蓬蓬高度的派唷！

製作 & 烘烤法

- 蛋黃麵糊：直接法
- 烘烤方式：烘蒸法
- 基礎戚風製作過程請見 P.16。

工具

8 吋派模（硬膜）

材料

蛋黃麵糊

低筋麵粉	45 克
蓬萊米粉	10 克
溫水	29.5 克
三溫糖	6.5 克
玄米油	35 克
蛋黃	65 克

蛋白霜

蛋白	110 克
三溫糖	55 克
檸檬汁	3 克

內餡

動物性鮮奶油	130 克
馬斯卡邦乳酪	70 克
香草莢	2/3 根
砂糖	20 克

裝飾

動物性鮮奶油	70 克
砂糖	7 克

烘焙小重點

- 初次操作請勿任意減少糖量唷！
- 烘蒸法水量可自行調整，水分會在爐中蒸發完畢。

預備動作
Before Baking

1. 低筋麵粉與蓬萊米粉混合，過篩兩次。
2. 預熱烤箱。蛋黃與蛋白分離備用。
3. 內餡及裝飾的材料，分別打發備用。

做法
How To Make

A. 製作蛋黃麵糊

1. 依 P.18 步驟 3 直接法完成蛋黃麵糊。

Tips

混合蓬萊米粉的蛋糕體更有膨鬆口感。

B. 製作蛋白霜

2. 依 P.20 步驟 4 將蛋白霜打至硬挺狀。

Tips

波士頓派的蛋白霜需要打到硬挺塑型時才容易推高，出爐形狀也會比較飽滿。

C. 混合

3. 取 1/3 蛋白霜混入蛋黃糊中，以打蛋器垂直翻拌均勻。再倒回剩餘的蛋白霜中拌勻。

D. 入模

4. 蛋糕糊倒入派模中，震出氣泡後以刮板將蛋糕糊由周圍往中心推高。以餐巾紙摺尖擦拭蛋糕糊與派模交界，確保波士頓派形狀飽滿完整。01 02

E. 烘烤（放中層）& 脫模

5. 淺烤盤加入 70 克冷水，放上網架將派模放於網架上以烘蒸法 200℃ /150℃ 烤 10 分鐘，轉 160℃ /150℃ 續烤 20 分鐘，再轉 150℃ /160℃ 續烤 15 分鐘。出爐後倒扣至涼脫模。

F. 裝飾

6. 派體橫切兩半，抹上內餡，將餡料堆高，蓋上另一半派體，外層抹上鮮奶油裝飾。03 04 05

01

02

03

04

05

香檸蛋糕捲

Lemon Roll Cake

忘了是什麼時候愛上檸檬塔，每次經過吸引人的甜點店，
總忍不住對檸檬塔多瞧兩眼，彷彿是關乎我要不要坐下來點餐的決勝點。
那樣的清香酸甜真的很讓人著迷，於是每次煮檸檬醬時，我總會多煮一些，
無論沾麵包、抹吐司……，都很適合，也能讓食物瞬間瀰漫小清新的滋味呢！

製作 & 烘烤法

- 蛋黃麵糊：燙麵法
- 烘烤方式：直烤法
- 基礎戚風製作過程請見 P.16。

工具

24.8×28×3cm 深烤盤

材料

蛋黃麵糊

低筋麵粉	60 克
溫水	50 克
檸檬汁	5 克
檸檬皮屑	1 顆
玄米油	35 克
蛋黃	70 克

蛋白霜

蛋白	160 克
砂糖	48 克

檸檬香緹

動物性鮮奶油	70 克
砂糖	7 克
檸檬醬	140 克

裝飾

新鮮檸檬片	數片
藍莓	適量

預備動作

Before Baking

1. 低筋麵粉過篩兩次。
2. 預熱烤箱。
3. 蛋黃與蛋白預先分離備用。
4. 預先製作檸檬醬（見 P.145），冷藏備用。01
5. 動物性鮮奶油加入糖一起打發（見 P.142），冷藏備用。02
6. 烤模鋪白報紙 / 烘焙布（見 P.143）。03

01

02

03

做法
How To Make

A. 製作蛋黃麵糊

1. 將玄米油倒入單柄湯鍋中，以小火加熱至出現油紋（約 10 秒）。
2. 將低筋麵粉倒入單柄湯鍋中，以打蛋器確實攪拌均勻成糊狀。
3. 加入檸檬皮屑攪拌均勻。04

Tips

也可依喜好更換為黃檸檬使用。

4. 一次一顆蛋黃，攪拌均勻後，再加入下一顆，逐次將蛋黃加入攪勻，即完成燙麵蛋黃麵糊。

B. 製作蛋白霜

5. 將蛋白放入無油無水的鋼盆中，以電動攪拌器中速→高速→中速的方式打發，並分三次加入砂糖。將蛋白霜打至彎鉤狀。05

C. 混合

6. 取 1/3 蛋白霜混入蛋黃糊中，以打蛋器垂直攪拌後，再翻拌均勻，再倒回剩餘的蛋白霜中，以攪拌刮刀確實翻拌均勻。06 07

D. 入模

7. 將麵糊倒入模型中，再以刮板輕巧地抹平表面，將烤盤稍微提起，重放於桌面上以震出大氣泡。08 09

E. 烘烤 & 脫模

8. 用直烤法以 180℃ /140℃ 烘烤 25 分鐘，出爐後將蛋糕移出烤模，並撕開四邊散熱，先於表面蓋上一張烘焙紙，將蛋糕整片翻轉置涼，再撕除背面白報紙。10 11

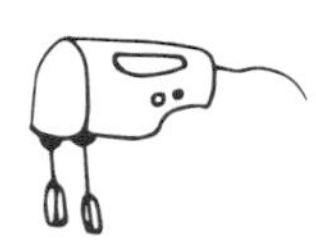

F. 製作檸檬香緹

9. 將檸檬香緹材料中的動物鮮奶油與砂糖打發，拌入檸檬醬，做成檸檬香緹。12

G. 內捲法整型

10. 將蛋糕抹上檸檬香緹醬，以內捲法將蛋糕體捲起。確實收緊紙張固定，放入冰箱收口朝下擺放冷藏一夜。13

Tips

建議可於蛋糕起卷處輕輕劃開 1 ～ 2 刀，如此可讓蛋糕卷較不易斷裂。亦可切除蛋糕片的兩側乾燥處，此蛋糕片捲起更順暢。14

H. 裝飾

11. 將冷藏一夜的蛋糕捲取出，切掉頭尾兩端。擠上鮮奶油，將檸檬片翻轉，放在鮮奶油上頭，綴上藍莓即可。15

12

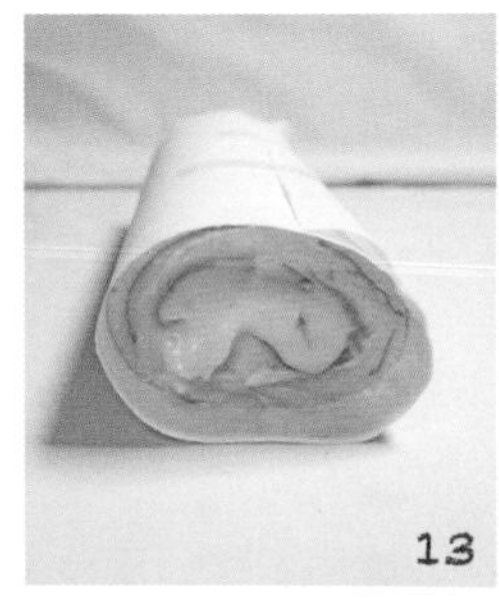
13

14

15

Part7
一起來練功

簡單的幾個小步驟，
就能讓戚風蛋糕有不同的面貌，
試試看！
你可以組合出什麼驚喜吧！

動物性鮮奶油這樣打

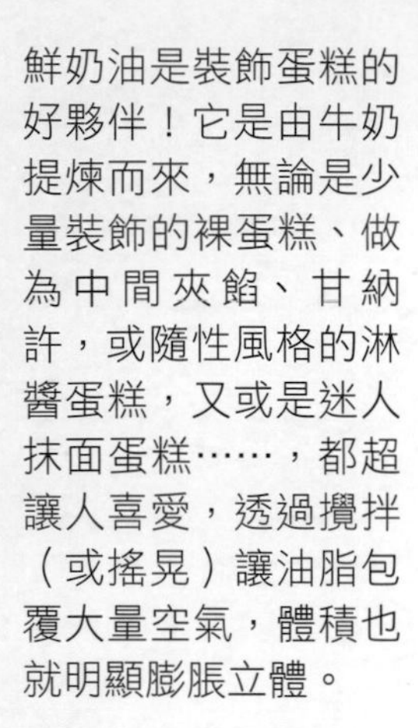

鮮奶油是裝飾蛋糕的好夥伴！它是由牛奶提煉而來，無論是少量裝飾的裸蛋糕、做為中間夾餡、甘納許，或隨性風格的淋醬蛋糕，又或是迷人抹面蛋糕……，都超讓人喜愛，透過攪拌（或搖晃）讓油脂包覆大量空氣，體積也就明顯膨脹立體。

建議選用脂肪量35％以上的動物性鮮奶油，保持在約8～10℃較容易打發。打發時間盡量縮短，以免時間越長，溫度漸升，鮮奶油包覆的氣泡會開始破裂，產生結粒變黃、乳油分離的現象。

運用

淋醬

P.62 抹茶戚風
P.84 特濃芝麻戚風
P.98 聖誕小屋

抹蛋糕

P.78 黑糖全麥戚風
P.88 秋日栗地瓜戚風
P.112 年輪蛋糕

擠花

P.90 香蕉戚風
P.104 粉漾花環

材料

動物性鮮奶油
砂糖

做法

1. 將鮮奶油與砂糖放入鋼盆中，以低速開始攪打。

Tips
打發鮮奶油前可將新買的鮮奶油稍微正反倒置混合均勻，打發的速度不宜過快。

2. 夏天操作時可於鋼盆下方墊冰塊盆，確保操作過程中，鮮奶油維持低溫。

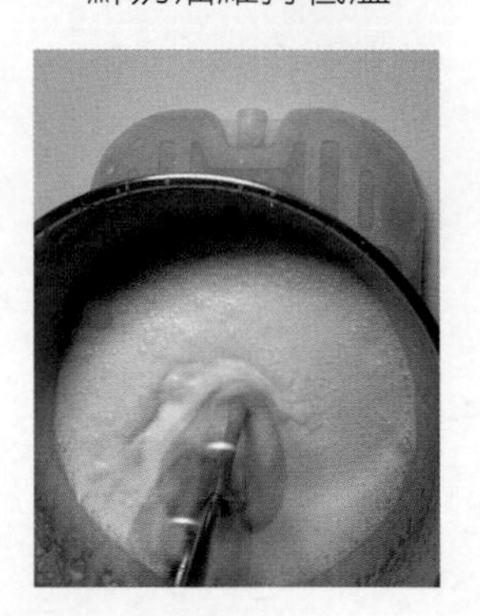

本書常使用的鮮奶油狀態

適合淋醬

打好後輕輕轉動鍋子，鮮奶油仍保有流動性。拿起攪拌棒鮮奶油會垂下。

適合抹蛋糕

鮮奶油有點硬度，可以輕易從鋼盆中拉起不滴落，晃動鍋子時，不太會流動。

適合擠花

鮮奶油需要有一定挺度才適合，判斷的方法可拉起攪拌器，鮮奶油會出現尖角。

深烤盤內的白報紙 / 烘焙布這樣摺

使用深烤盤前，須在烤盤上鋪上一層白報紙，待蛋糕出爐後，馬上將蛋糕移出烤盤，並將四周撕開散熱放涼，待蛋糕微溫，即可將蛋糕翻過來撕除底部烤紙。

運用

P.110 味噌起司蛋糕
P.116 米歇爾香蕉捲
P.118 草莓花園
P.122 藏心香橙捲
P.124 香芋織紋蛋糕
P.128 綜合水果捲
P.130 焦糖蘋果蛋糕
P.136 香檸蛋糕捲

材料

白報紙
深烤盤

示範影片看這裡！

做法

1. 首先請取出比模型高度再多 2cm 的白報紙。

2. 稍微摺出模型的底部尺寸。

3. 四邊的摺法皆同。

4. 剪開其中一邊的角落痕號記號。

5. 將長邊多餘紙張收入短邊背面。

6. 確認紙張可完全鋪入烤盤。

7. 多餘的紙張可往後翻摺固定。

8. 即可開始使用。

蜜紅豆這樣做

家用電鍋也能完成好吃的蜜紅豆，無論做為夾餡或配料都非常適合！

運用

P.48 煉乳相思戚風
P.62 抹茶戚風

材料

材料	份量
紅豆	130 克
二砂糖	95 克
冷水	230 克
鹽	1 克

做法

1. 將紅豆放於小鍋中，加水淹過紅豆粒，開火煮滾。
2. 水滾後，不新鮮的豆子會浮起，即可撈起挑除。

3. 冷卻後以冷水稍微洗淨豆子，加入份量中的冷水。
4. 放入電鍋中，外鍋放 2 杯量米杯的冷水。
5. 電鍋跳起後燜 10 分鐘，開蓋攪拌一下，外鍋再放 1.5 杯水。
6. 開關跳起後，燜 10 分鐘，開蓋確認紅豆熟度。

7. 完成後即可加入糖與鹽調味。

Tips

蜜紅豆的糖分是是風味來源亦是保存期限的關鍵，本食譜已大幅降低糖量，不建議再減少，也請儘速享用完畢。

果膠這樣做

果膠是製作水果裝飾蛋糕的必備食材，除了運用果醬，我們也可自己製作簡單的果膠。

運用

P.102 戀愛水果戚風
P.118 草莓花園

材料

材料	份量
吉利丁粉	3 克
冷水	15 克
蜂蜜	5 克

做法

1. 將吉利丁粉倒入冷水中，靜置 5 分鐘再攪勻。
2. 將吉利丁液加入蜂蜜混合後，微波約 15 秒，使整體變成液狀備用。
3. 室溫冷卻後的果膠會有點稠度，可附著於水果上增添光澤與保鮮。

Tips

不建議使用吉利丁片，以免常溫下不易凝結。果膠每次使用都需要以乾淨湯匙舀取避免變質。使用前請稍微加熱，使果膠融化，建議 1 個月內使用完畢。

焦糖核桃這樣做

核桃以上下火 150℃先烘烤 5 ～ 6 分鐘，再裹上金黃色的焦糖，單吃也非常美味唷！

運用

P.90 香蕉戚風

材料

1/4 核桃	50 克
砂糖	26 克
冷水	9 克
無鹽奶油	4.5 克

做法

1. 冷水與砂糖先混合，以中小火加熱、不攪拌。

2. 焦化速度很快，當邊緣出現褐色時，可輕晃鍋身使液體分布均勻。

3. 整體呈淺褐色時，即可放入奶油混合均勻，離火後加入烤過的核桃拌勻。

4. 趁熱將核桃倒於烘焙布（紙）上，待涼後即可輕鬆剝開使用。

檸檬醬這樣做

美味的檸檬醬，非常適合與 Q 潤的戚風蛋糕體搭配，酸酸甜甜的滋味很誘人唷！

運用

P.136 香檸蛋糕捲

材料

檸檬汁	70 克
砂糖	35 克
無鹽奶油	15 克
全蛋	55 克
檸檬皮屑	1 顆

做法

1. 將檸檬皮屑與砂糖以手指或打蛋器混合至砂糖轉變為淡淡的綠色。

2. 厚底鍋加入全蛋、檸檬砂糖，兩者混合均勻。

3. 加入檸檬汁以打蛋器攪拌均勻，以隔水加熱的方式加熱至濃稠。

4. 離火並加入無鹽奶油，待 2 分鐘後再攪拌。

焦糖蘋果餡這樣做

喜愛肉桂香氣的你，一定不能錯過這款內餡，香甜滑嫩的蘋果丁，夏天還可以搭配香草冰淇淋一起享用呢！

運用

P.130 焦糖蘋果蛋糕

材料

肉桂蘋果餡

無鹽奶油	27 克
海鹽	1.4 克
二砂糖	14 克
蘋果丁	125 克
蘋果片	100 克
肉桂粉	2.5 克
蘭姆酒	7 克

焦糖

水	18 克
砂糖	55 克
動物性鮮奶油	15 克

做法

1. 將無鹽奶油加熱至融化，加入鹽、蘋果丁（片）、蘭姆酒與糖混合，炒到蘋果有點透明度，即可起鍋。

2. 肉桂粉加入蘋果中拌勻備用。

3. 將砂糖與水放入鍋以小火加熱。

4. 泡泡會由大小不均勻的狀態轉為均勻分布。

5. 顏色也會由淺琥珀色轉深。

6. 加入動物性鮮奶油拌勻。

7. 接著即可放入剛剛煮好的肉桂蘋果，拌勻即可離火。

Tips

待涼後，記得將蘋果丁與片分開盛裝唷！也可以依喜好將蘋果全部切丁使用。

焦糖鮮奶油這樣做

迷人的太妃糖是我們家超級熱愛的鮮奶油口味，微微的焦香搭配滑口香緹，非常適合與咖啡、可可類的蛋糕體搭配唷！

運用

P.82 黑爵騎士

材料

焦糖醬

砂糖	38 克
動物性鮮奶油	35 克
海鹽	適量

鮮奶油霜

動物性鮮奶油	130 克
砂糖	13 克

做法

1. 將焦糖醬中的動物性鮮奶油隔水加熱至微溫。將砂糖平鋪於厚底鍋中，以小火開始加熱。
2. 過程中請勿攪拌或搖晃鍋子，直至砂糖呈現美麗的琥珀色，再輕晃鍋身，使焦糖更加均勻。
3. 加入溫熱的動物性鮮奶油，以耐熱刮刀混合均勻，再加入海鹽攪勻，成焦糖醬備用。
4. 取出鮮奶油霜材料中的動物性鮮奶油，與砂糖打發，混入 40 克的焦糖醬攪拌均勻即可。

Cook50174

從零開始學戚風

中空戚風 X 平模戚風 X 蛋糕捲 X 分層蛋糕
40 款蛋糕 Step by Step 教學，做出完美戚風！

作者 李彼飛
攝影 李彼飛
美術設計 鄭雅惠
編輯 劉曉甄
行銷 石欣平
企畫統籌 李橘
總編輯 莫少閒
出版者 朱雀文化事業有限公司
地址 台北市基隆路二段 13-1 號 3 樓
電話 02-2345-3868
傳真 02-2345-3828
劃撥帳號 19234566 朱雀文化事業有限公司
e-mail redbook@ms26.hinet.net
網址 http://redbook.com.tw
總經銷 大和書報圖書股份有限公司 (02)8990-2588
ISBN 978-986-96214-5-8
初版四刷 2022.04
定價 380 元
出版登記 北市業字第 1403 號

全書圖文未經同意不得轉載和翻印
本書如有缺頁、破損、裝訂錯誤，請寄回本公司更換

國家圖書館出版品預行編目 (CIP) 資料

從零開始學戚風：中空戚風 x 平模戚風 x 蛋糕捲 x 分層蛋糕 ,40 款蛋糕 Step by Step 教學，做出完美戚風！/ 李彼飛著 . 攝影 . -- 初版 . -- 臺北市：朱雀文化，2018.06
面； 公分 . -- (Cook；50174)
ISBN 978-986-96214-5-8(平裝)
1. 點心食譜
427.16 107008168

About 買書

●朱雀文化圖書在北中南各書店及誠品、金石堂、何嘉仁等連鎖書店均有販售，如欲購買本公司圖書，建議你直接詢問書店店員。如果書店已售完，請撥本公司電話 (02)2345-3868。

●●至朱雀文化網站購書（http://redbook.com.tw），可享 85 折優惠。

●●●至郵局劃撥（戶名：朱雀文化事業有限公司，帳號 19234566），掛號寄書不加郵資，4 本以下無折扣，5 ～ 9 本 95 折，10 本以上 9 折優惠。

    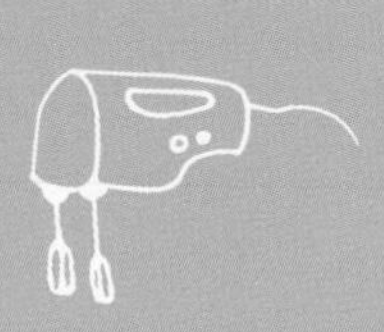

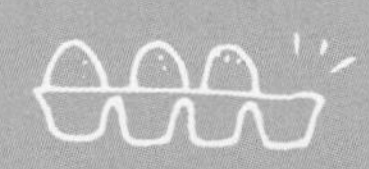